AF274956

IMSV0016

MEZCLA DE SONIDOS ELECTRÓNICOS

IMSV0016

MEZCLA DE SONIDOS ELECTRÓNICOS

Julián Zafra

Ra-Ma®

La ley prohíbe
fotocopiar este libro

IMSV0016 - MEZCLA DE SONIDOS ELECTRÓNICOS
© Julián Zafra
© De la edición: Ra-Ma 2024

MARCAS COMERCIALES. Las designaciones utilizadas por las empresas para distinguir sus productos (hardware, software, sistemas operativos, etc.) suelen ser marcas registradas. RA-MA ha intentado a lo largo de este libro distinguir las marcas comerciales de los términos descriptivos, siguiendo el estilo que utiliza el fabricante, sin intención de infringir la marca y solo en beneficio del propietario de la misma. Los datos de los ejemplos y pantallas son ficticios a no ser que se especifique lo contrario.

RA-MA es marca comercial registrada.

Se ha puesto el máximo empeño en ofrecer al lector una información completa y precisa. Sin embargo, RA-MA Editorial no asume ninguna responsabilidad derivada de su uso ni tampoco de cualquier violación de patentes ni otros derechos de terceras partes que pudieran ocurrir. Esta publicación tiene por objeto proporcionar unos conocimientos precisos y acreditados sobre el tema tratado. Su venta no supone para el editor ninguna forma de asistencia legal, administrativa o de ningún otro tipo. En caso de precisarse asesoría legal u otra forma de ayuda experta, deben buscarse los servicios de un profesional competente.

Reservados todos los derechos de publicación en cualquier idioma.

Según lo dispuesto en el Código Penal vigente, ninguna parte de este libro puede ser reproducida, grabada en sistema de almacenamiento o transmitida en forma alguna ni por cualquier procedimiento, ya sea electrónico, mecánico, reprográfico, magnético o cualquier otro sin autorización previa y por escrito de RA-MA; su contenido está protegido por la ley vigente, que establece penas de prisión y/o multas a quienes, intencionadamente, reprodujeren o plagiaren, en todo o en parte, una obra literaria, artística o científica.

Editado por:
RA-MA Editorial
Calle Jarama, 3A, Polígono Industrial Igarsa
28860 PARACUELLOS DE JARAMA, Madrid
Teléfono: 91 658 42 80
Fax: 91 662 81 39
Correo electrónico: editorial@ra-ma.com
Internet: www.ra-ma.es y www.ra-ma.com
ISBN: 978-84-1018-133-5
Depósito legal: M-3991-2024
Maquetación: Antonio García Tomé
Diseño de portada: Antonio García Tomé
Filmación e impresión: Safekat
Impreso en España en febrero de 2024

ÍNDICE

FOREWORD

The father of audio engineering, Thomas Edison, once quipped, "The reason a lot of people do not recognize opportunity is because it usually goes around wearing overalls looking like hard work."

Many are attracted to audio recording by the glitz and glamour of the music industry. Any why not? Audio engineering is a high art that brings people joy and happiness. Who could ask for a better career? But beware. Anyone who aspires to become a great mix engineer should be prepared for years of hard, overall-wearing work. The toolkit of a great mix engineer is a vast collection of artistic and technical chops that take years, even decades, to realize fully.

I cut my audio teeth on multitrack tape and analog mixing consoles. I've also designed a few analog mixing consoles. The most iconic music ever recorded – Beatles (George Martin), Zeppelin (Kramer / Johns), Hendrix (Kramer), Dark Side (Parsons), The Who (Glen Johns) – these timeless, iconic records were not mixed in a DAW using plug-ins. Remember, it's not about the technology, be it analog, digital, or some hybrid. Ultimately, it's about the human passion and talent behind the record: the artists and the song, the tracking engineer, the mix engineer, and so forth. Great tracks make it easier to make a great mix, but a great mixer is one who has learned to make even mediocre tracks sound like solid gold.

Richard Branson has wise words for any aspiring mixer: "Overcoming fear is the first step to success. The winners all exemplify that, and the hard work and commitment they have shown underlines what is needed to break through."So you want to be a top-flight mixer? There is no substitute of the weeks, months, and years of hard work. Find great mentors, study online resources, read Julian's book (!), and practice, practice, practice.

John La Grou, Founder
Millennia Media

"I am so happy to see a book on mixing that goes beyond just the technical side. To me the emotional approach and using the technology to help dig that out with the sounds in the track is really what it is all about". Thanks Julián.

Mark Needham

PRÓLOGO

El padre de la ingeniería de audio, Thomas Edison, una vez bromeó: "La razón por la que muchas personas no reconocen la oportunidad es porque usualmente esta usa un mono que parece un trabajo duro". Muchos se sienten atraídos por la grabación de audio por el brillo y el glamour de la industria de la música. ¿Por qué no? La ingeniería de audio es un arte elevado que brinda alegría y felicidad a las personas. ¿Quién podría pedir una mejor carrera? Pero cuidado. Cualquiera que aspire a convertirse en un gran ingeniero de mezclas debe estar preparado para años de trabajo duro y general. El conjunto de herramientas de un gran ingeniero de mezclas es una vasta colección de habilidades artísticas y técnicas que llevan años, incluso décadas, para darse cuenta por completo. Mi incursión en el audio fue mediante cintas multipista y consolas de mezclas analógicas. También he diseñado algunas consolas de mezcla analógicas. La música más icónica jamás registrada - Beatles (George Martin), Zeppelin (Kramer / Johns), Hendrix (Kramer), Dark Side (Parsons), The Who (Glen Johns) - estos discos icónicos e intemporales no se mezclaron en un DAW usando plugins. Recuerda, no se trata de la tecnología, ya sea analógica, digital o híbrida. En última instancia, se trata de la pasión humana y el talento detrás del disco: los artistas y la canción, el ingeniero de grabación, el ingeniero de mezclas, etc. Grandes pistas hacen que sea más fácil hacer una gran mezcla, pero un gran mezclador es aquel que ha aprendido a hacer que incluso las pistas mediocres suenen como oro sólido. Richard Branson tiene palabras sabias para cualquier aspirante a mezclador: "Superar el miedo es el primer paso para el éxito. Todos los ganadores lo demuestran, y el arduo trabajo y el compromiso que han demostrado subraya lo que se necesita para avanzar". Entonces, ¿quieres ser un mezclador de primer nivel? No hay sustituto de las semanas, meses y años de arduo trabajo. Encuentra excelentes mentores, estudie recursos "online", lee el libro de Julián Zafra (!) y práctica, práctica y práctica.

John La Grou, Fundador Millennia Media

"Estoy muy feliz de ver un libro sobre mezclas que va más allá del aspecto técnico. Para mí, el enfoque emocional y el uso de la tecnología para ayudar a desenterrar eso con los sonidos en la pista es realmente de lo que se trata. Gracias Julián".

Mark Needham

AGRADECIMIENTOS

Quisiera agradecer esta publicación a todos los demás colegas profesionales los cuales han colaborado de manera desinteresada en este libro. A Ron McMaster, Tchad Blake, Bob Katz, Mark Needham, Jonathan Wyner, David Miles, John Agnello Michael Leary y Joe Vezzetti. A los fabricantes John La Grou de Millennia Media, EveAnna Manley de Manley Labs, Yotam Waves de Waves Audio, Eventide, Kahayan Pro Audio, Oran Professional audio, Simple Way Audio, Heritage Audio. De la misma manera quisiera hacerlo también a todos los que han sido de alguna manera u otra mis maestros en este largo y continuo camino en el aprendizaje de este arte y profesión como lo es el mundo de las mezclas en el audio profesional. A la editorial Ra-Ma y en especial a Julio Santoro por su esfuerzo y dedicación en la labor de la difusión informativa mediante sus muchas publicaciones. A mi familia, la cual siempre me ha apoyado en todas mis decisiones a lo largo de mi carrera profesional, así como en especial a mi padre y mi madre los cuales a pesar de quizás no haber escogido una la mejor de las profesiones en las que poder asegurarse un buen futuro laboral "estable" como quizás hubiesen deseado, ellos siempre respetaron la profesión y filosofía que escogí como oficio y la manera con la cual trabajar para ganarme la vida. Siendo la música desde muy joven mi pasión y peculiar manera de entender la vida, ya que quizás sin la música, esta carecería de demasiado sentido.

Algunos de los profesionales que han colaborado en este libro:

Aquí una breve biografía e información básica de los diferentes profesionales del sector que han colaborado y contribuido en este libro, todos ellos entrevistados en exclusiva para que compartan con todos nosotros parte de su experiencia, conocimientos, visión, los conceptos y su amplia experiencia en sus diferentes especialidades. Muchos de ellos son ampliamente conocidos internacionalmente por su trayectoria o bien por el nombre de los artistas con los que han trabajado, el nombre de los estudios donde han prestado sus servicios, así como en los discos y producciones en los que estuvieron involucrados. Quizás otros no lo sean tanto, por mantenerse en un perfil más bajo a nivel público y mediático, pero sin duda, todos ellos grandes profesionales y conocedores del oficio y la materia en cada una de sus respectivas especialidades.

RON MCMASTER

Ingeniero de masterización Californiano el cual ha trabajado para United Artists Records, y Hollywood/Capitol Studios. McMaster en su extensa y dilatada carrera como profesional durante 38 años, ha realizado trabajos para The Beach Boys, Frank Sinatra, Miles Davis, The Rolling Stones, Radio Head, Red Hot Chili Peppers, el sello Blue Note o Jack White.

TCHAD BLAKE

Productor e ingeniero de sonido estadounidense el cual ha sido ingeniero en estudios de grabación como Wally Header o Real World studios. Tchad ha trabajado con un gran número de artistas como Peter Gabriel, Pearl Jam, Tom Waits, Elvis Costello, Artic Monkeys, Sherly Crow, U2, Suzanne Vega, Los Lobos o Kula Shaker por citar tan solo a algunos pocos de los artistas que han pasado por sus oídos. Blake ha sido Ganador de varios premios Grammys a lo largo de su carrera profesional.

BOB KATZ

Ingeniero de sonido y Mastering estadounidense. En su dilatada carrera profesional, Katz ha trabajado con un gran número de diversos artistas y bandas de todo el mundo. A demás es autor del libro "Masterización de audio: La ciencia y el arte" así como propietario de varias patentes de sistemas de audio como K-Stereo y K-Sorround. Además, posee x3 premios Grammy en su palmarés como ingeniero de mastering.

MARK NEEDHAM

Mark Needham, ingeniero, mezclador y productor estadounidense. ¡Ha trabajado con muchos nombres prominentes en la música, incluyendo bandas y artistas como Fleetwood Mac, The Killers, Blue October, Newsboys, Imagine Dragons, Chris Isaak, John Hiatt, Michelle Branch, P! Nk, OAR, Neon Trees, Shakira, Pete Yorn, Bloc Party, Elton John, Stevie Nicks o Starbenders son solo algunos de los nombres que figuran en dilatada carrera como ingeniero de mezclas.

JONATHAN WYNER

Músico, Ingeniero de sonido y mastering, instructor de Izotope y profesor en el Beklee College de Boston. Wyner ha trabajado con artistas y bandas de la talla de David Bowie, Aerosmith, James Taylor o Kiri Te kenawa, además ha sido nominado a los premios Grammy y es el ingeniero jefe y director de los M-Works mastering studios. Wyner es el presidente electo del AES.

DAVIS MILES HUBER

Músico, productor, compositor y escritor. Autor de numerosos libros sobre grabación y música electrónica. Su libro "Modern recording techniques "ha vendido unas 250.000 copias en todo el mundo, posicionándose como una publicación estándar y referente en el mundo de la industria de la grabación.

JOHN AGNELLO

Ingeniero y productor americano el cual ha estado envuelto en muy diversas producciones musicales de muy diversos artistas. Sonic Youth, Dinosaur Jr., Nada Surf, Turbonegro, Violent Femmes o Thurston Moore son tan solo algunos de ellos.

MICHAEL LEARY

Ingeniero de grabación de Seattle que trabajó en Wally Heider Studios entre 1969 y 1971, luego fue con Harry Nilsson para grabar su álbum The Point en RCA Studios, Hollywood. Después de RCA Studios, Hollywood trabajó de manera independiente por todos los Estados Unidos, grabando en Intermedia Sound, Boston, A&R Studios NYC, Studio In The Country, LA, The Music Farm, Seattle, Caribou Ranch, Colorado & Roller Mills Studio, Glen Arbor, Michigan.

JOE VEZZETTI

Experto en tecnología de audio. Estudió en Berkley y más tarde se mudó a Los Angeles. Ha trabajado en estudios de grabación, ha ejercido como profesor y jefe del departamento técnico en diversos lugares como los estudios Westlake, L.A. Recording School, NBA, PMI Audio o Avalon Design.

ACERCA DEL AUTOR

Julián Zafra es un ingeniero de sonido de Barcelona. Desde muy temprana edad, la música formó parte de su vida, estando está muy presente en el ámbito familiar de su hogar. Este comenzó desde muy joven a tocar la guitarra eléctrica en diversas formaciones musicales. Su hermano mayor fue guitarrista en varias bandas de rock de principios de los 80, como los Yunques y los Monstruos. Estos abrieron conciertos teloneando a grupos como los Lone Star. Este, a su vez, y durante los años de instituto en el Instituto Pau Vila de Sabadell, en Barcelona, compartió banda con Josep Capdevilla, conocido por su nombre artístico como Sergio Dalma.

Pero es a los quince años y tras la visita del instituto a una edición del Saló de l'Ensenyament de Barcelona, cuando es cautivado por un stand donde se exhibe un estudio de grabación y todo su funcionamiento. Desde ese momento, le quedó muy claro a lo que se quería dedicar, fijando el punto de mira en la formación académica, así como en pagarse la carrera y la matrícula para poder acceder al aprendizaje y desarrollarse como profesional en el mundo de la ingeniería de grabación. Tuvo que trabajar desde muy joven en fábricas de cadenas de montaje y en otros trabajos para poder costear la costosa carrera, dado que, por aquella época, en España eran muy pocos los centros educativos de calidad donde se podía estudiar algo relacionado con el sonido, siendo el centro donde realizó su formación el único del país donde se podía estudiar Ingeniería de Grabación.

Es a finales de los 90, y tras haber finalizado la formación, cuando pone en marcha su primer estudio de grabación junto a otro compañero, iniciando así una primera etapa freelance con grabaciones y mezclas en diferentes discos, producciones de artistas de hip-hop, R&B, hardcore y rock sinfónico, entre otros estilos. Pero la cada vez más pronunciada decadencia de la industria discográfica a finales de los 90 y la escasa actividad en las grabaciones de estudio dan lugar a la incursión en el mundo de los directos, haciéndolo a través de varias empresas del sector y combinando giras junto a diversas formaciones y bandas a lo largo de la península desde el año 1999 al 2002. También, durante un tiempo, estuvo trabajando en diversas convenciones en hoteles de lujo de Barcelona y la península, así como en algunas cavas de Catalunya. Durante 2002-2005 residió cuatro años en Dublín, Irlanda, ejerciendo durante un tiempo como técnico de radio en Anna Livia FM, en la Universidad Griffith Collage de Dublín, así como haciendo algunas sonorizaciones de directos por el país celta. Desde el 2007 al 2016, durante prácticamente una década, ejerció como técnico fijo y residente en actuaciones de flamenco y jazz en la Sala Tarantos/Jamboree de Barcelona, combinado esto con ser técnico de sonido en diferentes conciertos y festivales a lo largo de toda la Península. Con todo ello, estaba siempre y paralelamente grabando y mezclando discos como ingeniero de sonido freelance, tanto en su estudio privado de grabación como en diferentes estudios, así como giras y directos con diferentes formaciones de jazz, flamenco, fusión, rock, pop, world music, etc. En 2016 comienza una nueva etapa de freelance realizando grabaciones/mezclas y masterizaciones en diversos álbumes de estudio de algunos artistas nacionales e internacionales, tanto en la península como en las Islas Canarias. Paralelamente, trabajó en varias compañías de sonido, obras de teatro, orquestas y como técnico de diferentes bandas. A la vez, ha ejercido durante años como demostrador/testeador en festivales internacionales de sonido como Intermusic (Valencia), Sonimag (Barcelona), el festival de música electrónica Sonar i el Saló de l'Ensenyament, testando equipo de sonido profesional para diferentes marcas de audio como Yamaha, Genelec, Mackie, Soundcraft, Sony y otras tantas marcas del sector del audio profesional. También ha realizado varios diseños e instalaciones de equipo en diferentes salas de conciertos del país. Son muchas las grabaciones y mezclas en las cuales ha participado como ingeniero de sonido/mezclas o productor, desde bandas de hardcore, punk o rock sinfónico, pasando por world music, flamenco, fusión, música clásica, raíz, funk, blues o el jazz, entre algunos de los diversos géneros en los que ha trabajado.

Además, como músico tiene publicados cuatro discos propios de estudio, obteniendo con su primer disco dos candidaturas para la nominación como mejor técnico de sonido y otra como mejor álbum de pop/rock en los premios de la música española en el año 2011. En el 2018 participó en los arreglos, mezcla y mastering para el disco *Fuerza*, de Eremiot Rodríguez, obteniendo una nominación al mejor álbum de música de raíz en los premios de la música canaria del 2018. En el año 2106 realiza la grabación, mezcla y producción artística del disco *Coral Pulse* del músico y guitarrista Jordi Bonell, entre algunos de sus trabajos como ingeniero de mezclas más significativos. También tiene otro disco compartido y producido junto al músico e intérprete de hang israelí Ravid Goldschmidt, además de otras diversas coproducciones junto a otros músicos.

En el año 2018 publica bajo la editorial RA-MA su libro "Ingeniería del sonido", el cual es una lectura recomendada y de referencia para cualquier profesional o aficionado en el mundo del audio profesional.

Algunos artículos y menciones publicados sobre el autor:

- **Earthworks High Definition Microphones:** *https://www.facebook.com/earthworksaudio/photos/pcb.1015623054 0489116/10156230537834116/?type=3*
- **Tannoy and Lab Gruppen:** *https://www.installation-international.com/technology/barcelona-club-jazzed-tannoy-vx*
- **Simpleway Audio:** *https://simpleway.audio/Simple-Way-J1-review.-Julian-Zafra.-English.pdf*
- **Instalia:** *https://instalia.eu/author/julian-zafraa/*
- **El Confidencial:** *https://www.elconfidencial.com/tecnologia/2019-11-30/efecto-tunel-misterio-cascos-cancelacion-ruido-molestias_2358708/*
- **Nominaciones premios de la música:**
  - Candidato a Mejor técnico de sonido de la XV Edición de los Premios de la Música. *http://www.premiosdelamusica.com/descargas/pdf_candidatos.php?id_edicion=25&ano=2011&numero=15&id_categoria=25&categoria=Mejor+T%E9cnico+de+Sonido%20*
  - Candidato a Mejor álbum de pop alternativo de la XV Edición de los Premios de la Música.
  - *http://www.premiosdelamusica.com/descargas/pdf_candidatos.php?id_edicion=25&ano=2011&numero=15&id_categoria=6&categoria=Mejor+%C1lbum+de+Pop+Alternativo*
- **Premios Canarios de la Música, nominados en 2018:** *https://www.premioscanariosdelamusica.com/nominados*
- **Créditos:**
  - **Discogs:** *https://www.discogs.com/es/artist/6137568-Julian-Zafra*

▼ **Otros libros y publicaciones sobre el autor:**

- **Ingeniería de sonido- Conceptos, fundamentos y casos prácticos.** Julián Zafra. Editorial RAMA.

http://www.ra-ma.es/autores/ZAFRA-JULIAN/

▼ **Otros artículos del autor sobre el mundo del audio profesional:**

https://www.instalia.eu/author/julian-zafraa/
https://audioforo.com
https://www.gearslutz.com
https://hifireference.com/reviews/

INTRODUCCIÓN

Este libro no pretende ser un método absoluto en cuanto al mundo de la mezcla, ya que partiendo que todo arte es completamente subjetivo, y no existe por lo tanto nada que pueda cambiar o contrarrestar este hecho.

En esta publicación gira entorno a lo que rodea al mundo de la mezcla en el audio profesional, especificando e indagando sobre algunos de los principios de esta, ofreciendo algunos recursos muy útiles para emplearlos como herramientas a la hora de realizar los trabajos sobre el audio de las mezclas. Donde muy a menudo nos encontramos estancados o desorientados a la hora de buscar una meta satisfactoria en los resultados. Este libro está destinado a todos aquellos estudiantes los cuales desean profundizar sus conocimientos en el campo de la mezcla del audio profesional, así como los diversos aspectos y complejidades que se nos presentan en dicha especialización. De la misma manera puede ser una lectura de consulta útil para todo profesional o aficionado en la materia.

Si está esperando encontrar algunos "ajustes de mezcla secreta" o "fórmulas mágicas" en este libro, deberías dejarlo de leer ahora mismo. Puedo garantizarte que los verdaderos secretos detrás del éxito de cada ingeniero de mezclas están basados en sus oídos y sus gustos personales. Una vez se ha llegado a entender y asimilar esto, este libro posiblemente podrá a ofrecer todo profesional, estudiante o aficionado, una posible ampliación y dimensión de los conocimientos en el mundo de las mezclas en el audio profesional. Prevaleciendo en la información los conceptos globales ante detalles específicos o concretos. Muchos de los ejemplos los cuales son expuestos en esta publicación están basados en la propia experiencia y en muchos casos coincidiendo con la de otros profesionales también del mundo del audio profesional a nivel mundial. A si mismo he querido incluir y hacer un especial y personal homenaje a algunos de los ingenieros de sonido y productores los cuales han contribuido abriendo el camino con unas técnicas y conceptos los cuales nos han servido como punto de partida y guía de referencia para cualquier profesional en el mundo del audio en la actualidad. Dejando injustamente a muchos otros, los cuales por motivos fiscos de la propia obra, no han podido ser incluidos. Mi satisfacción recae en la de haber hecho llegar parte de una útil información la cual siempre va a prevalecer sólida y firme ante cualquier avance tecnológico o época en la cual el mundo de la mezcla en el audio pueda verse afectado por ello.

Julián Zafra
28-10-2019

1

¿QUÉ ES LA MEZCLA?

La mezcla musical es quizás una de las actividades más exigentes, difíciles y altamente gratificantes en el negocio del audio. Es el penúltimo paso en el proceso de producción y es sensible a muchas fuerzas simultáneas que a menudo entran en conflicto entre sí. El ingeniero de mezcla debe ser un artista, un científico, un técnico, un diplomático y psicólogo sin perder nunca de vista el objetivo y propuesta de la tarea. Esto reúne a un conjunto de responsabilidades de enormes proporciones las cuales llevan casi toda una vida en el arte de comprender y entender todo el proceso que implica todo ello.

Durante el proceso de mezcla, se combinan varias fuentes sonoras las cuales pasan a un formato mono, stereo o multicanal.

Es donde se da forma al conjunto global de todas las pistas de audio de la grabación, también es la fase donde se dinamiza y otorga una mayor presencia e impacto a las partes con mayor sentimiento y sensibilidad de una canción. Todo ello empleando diversas herramientas tanto del mundo digital como del analógico las cuales se utilizan para crear y llevar a cabo la culminación de la obra del artista o productor. Intentando de esta manera el acercar la idea global de la visión e imaginación la cual el artista ha querido plasmar o intentado representar al oyente.

Figura 1.1. Tom Dowd

Realmente el proceso de mezcla no fue un proceso separado de la grabación hasta la década de los 80´s. Para cualquier compañía discográfica de por entonces tan solo el hecho de pensar en contratar un ingeniero de sonido tan solo para mezclar, era una idea que resultaba totalmente ridícula por aquella época. En la antigüedad era en la etapa preliminar de los ensayos y los arreglos de la preproducción donde se destinaba la mayoría del tiempo y parte del presupuesto en las producciones que se realizaban en los estudios de grabación. Paradójicamente todo lo contrario que sucede en la actualidad, donde se emplea más tiempo en los "overdubs" y los posteriores procesos de edición y postproducción.

Figura 1.2. Bob Claremontain fue uno de los precursores en cuanto a la sectorización del proceso de mezcla elevando este desde las oscuridades hacia ser este un destacado proceso y centro de atención

Una de las principales habilidades por las que suele destacar un buen ingeniero de mezcla es la de saber captar la información, así como los elementos más importantes de una canción o pasaje musical. Muchas veces tan solo se trata de "maquillar" al actor principal, y a los secundarios tan solo darles un plano bajo su merecida relevancia. Muchas veces nos encontramos con grabaciones en las cuales los arreglos o la instrumentación no ha sido la más adecuada o no se pensó lo suficiente en ello. Esto es todo lo contrario que ocurría años atrás, donde el principal presupuesto de una grabación se destinaba a la preproducción, contrariamente hoy, una amplia totalidad del tiempo de una producción se destina en las labores de postproducción. Si nos fijamos en las grabaciones las cuales han quedado históricamente como "Míticas" los arreglos y sonidos en estas, han sido minuciosamente escogidos y seleccionados para que funcionen entre sí, es decir, con todo ello el arreglista o productor ya estaba mezclando una canción, tan solo por el hecho de escoger los sonidos que iban a formar parte en cada una de las canciones. Muchas han sido las veces en las cuales me he limitado a eliminar sonidos e instrumentos los cuales tan solo hacían que molestar o enturbiar una mezcla de un tema. Lógicamente, siempre consensuando todo ello con el artista. Son muchos los músicos los cuales suelen caer en el error de querer meter muchos arreglos de instrumentación o sonidos, los cuales o bien se escogen para "tapar" silencios en los pasajes o bien como relleno, pensando quizás en cubrir alguna de las deficiencias posteriormente halladas en estos.

Hay un par de elementos muy importantes y cruciales en el papel de la persona la cual va a realizar la mezcla, son dos habilidades como son el gusto y el oído. Esto es algo muchas veces es innato, de la misma manera que puede ser el saber dibujar, pintar cuadros o tocar un instrumento. Esto es algo que también se puede aprender y desarrollar a través de muchos años de experiencia, otros por lo contrario nacieron ya con dicho don y facultades, resultándoles esta capacidad mucho más fácil y pudiendo llegar a realizar una mezcla casi sin pensar prácticamente en los factores técnicos. De la misma manera que ocurre con un buen músico, el cual toca más con el sentimiento que pensando en que notas tocar. Estos son algunos de los aspectos y cualidades las cuales hacen que un ingeniero de mezclas tenga éxito en la profesión. Hay que recordar siempre que todo esto es subjetivo por lo tanto se trata de llegar a un punto pragmático en el compromiso de alcanzar la meta que se busca. Muchas veces hay que lidiar y dejar cosas al gusto del propio músico, otras se podrán negociar quizás el interponer nuestro criterio técnico y el que nosotros con nuestra ciencia podemos recomendar a estos. Otras será el propio músico o productor el que nos denegará el sonido global de las mezclas bajo nuestro completo criterio. En cierta manera muchas veces la labor de un ingeniero de mezcla es la de hacer de arreglista, dado a que en la actualidad en la mayoría de las veces el papel de esta figura ha desaparecido, encontrándonos con grabaciones las cuales han sido producidas por los propios músicos y grabadas en algún estudio de algún otro colega músico o aficionado en el tema. Por lo tanto, se debe de tener un criterio y un punto pragmático a la hora abordar los trabajos, y dejar claro sobre quién cae la responsabilidad del sonido final.

Hay que intentar llegar siempre a un punto pragmático en la globalidad toda la producción entre las propias ideas como profesionales, los egos individuales y todo lo que se aleje de toda positividad de la producción. Quizás sea esto más difícil que cualquiera de las labores técnicas involucradas.

Como todos sabéis el cliente siempre tiene la razón ya que es este el que paga. Lo único que podemos hacer por nuestra parte es la de querer coger las condiciones del proyecto o por lo contrario no ser partícipe de este. Lo ideal en todos los casos y quizás también lo más complicado es el de llegar a un consenso colectivo donde el trabajo transcurra en una dirección satisfactoria para todas las partes involucradas en este.

2

FACTORES, APTITUDES Y HABILIDADES CLAVE EN UN INGENIERO DE MEZCLA

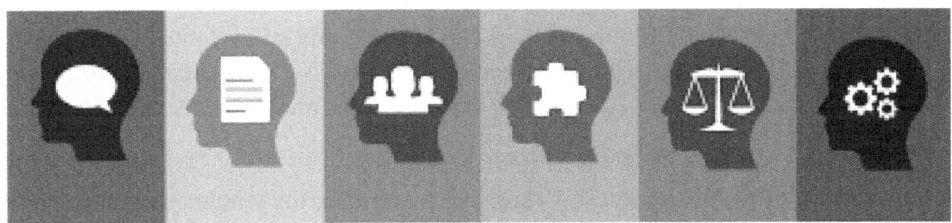

Al igual que ocurre con los músicos, los cuales cada uno destaca por su propia personal genialidad en cuanto sonido y ejecución/interpretación, de la misma manera, un ingeniero de mezclas destaca por sí mismo en cuanto a las cualidades que este posee o esté dotado. No es ni el estudio, como tampoco lo es el equipo del cual disponga (evidentemente mientras mejor sea este, más facilidad en alcanzar los resultados). Ya que esto son cosas que tan solo van a servir de "escaparate" a la hora de atraer a los clientes. Las aptitudes las cuales considero como las básicas que debe de tener un ingeniero de mezclas son ocho.

2.1 OÍDO

Esta es la principal de las cualidades, ya que muy difícilmente sin un refinado sentido auditivo, un ingeniero de mezcla va a poder sobrevivir y destacar en un negocio donde en la actualidad, la tecnología ha puesto al alcance de todo el mundo el realizar prácticamente cualquier trabajo de una producción. Por lo tanto, es algo vital que se tenga una buena capacidad auditiva la cual nos sirva para estar por encima de la mayoría, o al menos destacar entre las masas de aficionados y otros profesionales. El tener un buen oído, puede ser algo innato y regalo de la propia naturaleza, pero también es una facultad que se puede trabajar y entrenar con el paso del tiempo. El saber percibir detalles los cuales se escapan de otros profesionales, siempre va nos va a resultar ser un plus a la hora de requerir nuestros servicios. Muchos músicos/ productores saben perfectamente cuando están delante de un profesional con un buen sentido auditivo.

Si se coincide en poseer ambas cualidades, debemos de dar por hecho que vamos a tener el camino bastante más fácil que aquellos que quizás no son tan agraciados en ello.

2.2 BUEN GUSTO

Aunque esto es algo que también va ligado al buen sentido auditivo, es ello algo que también se puede llegar a trabajar y entrenar. Aquí también entrarían en juego la propia sensibilidad, experiencia, la cantidad de música que cada cual ha escuchado y "digerido" como también el conocer de cada género musical. El saber integrar los diferentes elementos y planos estilísticos o el ser especialista de un género musical, es algo que nos llega tras el pasar de los años y de las varias batallas vividas.

¿Cuántos profesionales son verdaderos mercenarios y buenos operarios del funcionamiento de los distintos equipos?, MUCHOS.

¿Pero cuentos hay que sepan elevar todo eso a un nivel artístico sonoro? POCOS. Por lo tanto, he aquí el kit de la cuestión. De la misma manera que si un cocinero no sabe la cantidad de los ingredientes de un plato de cocina, es muy probable que este "peque" de algo. Pudiendo resultar se esté demasiado salado, dulce o amargo.

2.3 CRITERIO

Así como el gusto va ligado a la capacidad auditiva, el criterio va de la misma manera relacionado con el gusto. Hay que saber distinguir entre los elementos que integran una mezcla. Saber destacar y discernir entre aquellos los cuales funcionan y los que no lo hacen. Suelo pensar cuando mezclo como si estuviera en el papel de un director de orquesta, ya que cuando mezclamos, a pesar de no controlar el tiempo de los pasajes, sí que se controla la dinámica e intensidad de volúmenes del instrumento que intervienen en esta.

2.4 CREATIVIDAD

Esta quizás se la parte por la que un ingeniero de mezcla es aclamado y referenciado. La creatividad es algo casi innato lo cual es algo que hace partícipe al profesional dentro del propio contexto que necesita cualquier pasaje sonoro. Se podría decir que es una especie de vinculo o conexión existente entre uno mismo y todos los elementos que forman la composición de un pasaje musical. Esto se agrava mucho más cuando la canción o el tema a la misma vez nos gusta y nos sentimos participes en este. Como si de una propia extensión física nuestra se tratara, lo cual nos hace sentir o vibrar con ello. Dicho de otra manera, sería el conectar con la visión de lo que el artista ha querido reflejar y de la misma manera darle la forma necesaria y el sentido a todo ello de manera favorable y positivamente. El no tener miedo a la experimentación ni el poseer ningún tipo de límites en nuestra imaginación son otros de los aspectos y cualidades que destacan por sí solas en todo ingeniero de mezclas que se precie.

2.5 TÉCNICA

Un ingeniero de mezcla debe estar íntimamente familiarizado con todos los equipos del estudio y con la forma en que cada equipo afecta el sonido del audio grabado. Si además de todas las demás aptitudes, se posee un buen dominio de la técnica, esto será un gran plus en nuestros créditos. Especialmente en el mundo del audio, siendo este dinámico marcado por continuos movimientos y cambios en cuanto a las herramientas de trabajo y los entornos que rodean a este.

2.6 ACTITUD

La actitud en el saber estar y comportarse ante las muy diversas situaciones las cuales se nos plantean dentro de un estudio de grabación, es otra de las aptitudes las cuales son realmente necesarias para lograr con éxito salir a flote en el mundo del audio profesional. No hay que olvidarse que nos enfrentamos en muchas ocasiones ante un mar de "egos" y "álter egos" como cualquier arte que se precie (incluidos los nuestros propios). Tenemos que estar siempre abiertos a escuchar cualquier tipo de opinión por parte del cliente, músico o productor con el que/para el que estemos trabajando. Adoptar una postura pragmática y coherente a la hora de lidiar y realizar los trabajos con los músicos, productores o demás profesionales del oficio, siempre serán puntos a favor a la hora que seamos contratados a la hora de realizar los trabajos. El saber cuándo decir "si" y cuando "no" asi como cuando callar o cuando hablar son cosas sumamente importantes a la hora de trabajar y lidiar con el resto del personal participe tanto en la mezcla como en una producción musical.

2.7 COMUNICACIÓN

El foco siempre debe estar en el cliente. Lo que trae la habilidad final, y quizás la más esencial del ingeniero de mezcla podrían ser la comunicación. Los ingenieros de mezcla tienen el difícil trabajo de trabajar con artistas los cuales tienen su propio estilo de comunicación. El ingeniero de mezcla debe aprender cuándo hablar y cuándo callarse. Debe medir la personalidad y el estado de ánimo del artista para saber cuándo hacer sugerencias y cuándo dejarlo descansar. Un buen ingeniero de mezcla se establecerá pronto como un socio útil en el proceso, no como un árbitro que señala los errores.

2.8 DISCIPLINA

Esta seria quizás la cualidad la cual nos permita el ganarnos la vida con ello. Incluso a pesar de no tener alguna de las anteriores cualidades digamos más "artísticas" si poseemos buenos ademanes y sabemos tratar y tener facilidad con la gente, podremos mantenernos y abrirnos camino en un mundo tan competitivo como el mundo del audio. Como ocurre con muchos músicos, normalmente los mejores de ellos no suelen de tener este factor, ya que están metidos más en el del instrumento y el musical. No sabiendo "venderse" demasiado de cara al público, a pesar de ser estos unos excelentes músicos por no decir que es lo que les suele ocurrir a los mejores. Lo mismo ocurre en el mundo del sonido, el tener don de gente y saber ser flexible y adaptarse a las situaciones en las que nos veamos involucrados. El cumplir con los horarios y palabra en los tratos, son factores que también hablan por sí solos en cuanto a la profesionalidad de cada uno de los profesionales. Todo ello es lo que nos mantendrá a flote en esta ardua y competitiva profesión.

3

FACTORES DETERMINANTES PREVIOS AL PROCESO DE MEZCLA

3.1 ¿QUÉ ES UNA BUENA GRABACIÓN?

Figura 3.1. Mr. Al Schmitt no tiene demasiadas dudas al respecto

Un músico tiene que aprenderse los temas, escalas, solos, estructuras o armonías antes de dirigirse a grabar cualquier tema o concierto, de semejante manera cualquier ingeniero de sonido ha tenido previamente que practicar muchas horas como asistente o experimentando aprendiendo siempre del intento/error. Permitiéndole ello el alcanzar el suficiente conocimiento para saber realizar grabaciones simples y técnicamente correctas antes de saber realizar las estilísticamente más creativas. El término de una grabación "Técnicamente correcta" significa libre de cualquier artefacto técnico indeseable.

3.2 ¿QUÉ ES LO QUE HACE BUENA UNA GRABACIÓN TÉCNICA?

▶ Las buenas fuentes de sonido y los músicos son un requisito previo.

▶ Elección adecuada del micrófono.

▶ Buena colocación de los micrófonos y las técnicas de microfónicas.

▶ Que no haya problemas de ruido o distorsión creados por el uso incorrecto o inapropiado de cualquiera de los equipos en la cadena de grabación y mezcla.

▶ Buenos balances y uso del sonido estéreo.

▶ Saber escoger los efectos adecuados para cada situación/instrumentación

3.3 ARTÍSTICAMENTE CORRECTO

Significa que los estilos de grabación y mezcla son apropiados para el proyecto y el estilo musical. Al comprender cómo capturar, procesar y mezclar sonido utilizando el equipo técnicamente correctamente, aprende a:

▶ Utilizar el equipo para controlar el sonido.

▶ Escuchar realmente el efecto de un uso más creativo y artístico del equipo.

▶ Anticiparse sobre como el procesamiento creativo puede beneficiar a un proyecto en el que está trabajando.

3.4 ES LA MÚSICA, ¡NI LA GRABACIÓN NI LA MEZCLA!

No olvidemos una cosa importante. ¡La buena música es la que crea una canción de éxito, no la grabación!, ¡Muchos éxitos no son técnicamente perfectos, podría haber pequeños errores de ingeniería, pero una gran actuación musical supera siempre a una pequeña distorsión o pequeño ruido en una toma vocal espectacular!

De hecho, existen varios "Hits" donde se pueden apreciar algún que otro "error" respecto a afinación o ruido de fondo de la toma durante la grabación. Si escucháis el famoso tema Roxanne de la banda "The Police", perfectamente podéis escuchar en la introducción de la canción una nota de piano desafinada, así como unas risas de Sting. Esto no evitaron ni influenciaron el que Roxanne se convirtiera en uno de los temas más famosos de la historia del Rock/Pop contemporáneo. Por lo tanto, el que se empleen herramientas muy caras tanto en la grabación como en la mezcla, no va a hacer de un mal tema un buen tema, tampoco esto ocurre si llevamos a este para que lo mezcle el mejor de los ingenieros de mezcla.

Lo que sí que ocurre, es que, si se trabaja de base con un buen tema, este llegue a engrandecer y resaltar en términos de calidad sonora, así como en el resultado global de toda la producción.

3.5 ¿CUÁLES SON LOS ELEMENTOS DE UNA BUENA MEZCLA?

Los principales elementos son la voz principal y la batería, así como los arreglos entornos a estos. Si se entiende el sentido de los arreglos respeto a la base y principales elementos, presumiblemente una mezcla no debería presentar mayores dificultades para que esta funcione. Independientemente del estilo musical o de producción, hay algunas características fundamentales que son esenciales y comunes en cualquier buena combinación.

Estas incluyen:

▼ Balance de frecuencia adecuado.

▼ Claridad e inteligibilidad.

▼ Uso efectivo de la imagen estéreo y conceptos de las imágenes estéreo. El uso efectivo de la profundidad del sonido y de los conceptos de imagen frontal / posterior.

▼ Enfoque adecuado y equilibrio de amplitud.

▼ Buen uso del tratamiento y efectos.

3.6 EXACTITUD

Cuando se aprende a grabar y mezclar, una característica y cualidad que hay que señalar es la de la precisión.

¿Es el sonido grabado una reproducción fiel del instrumento o cantante?

Si los músicos acústicos son profesionales y están acostumbrados a tocar juntos, sabrán perfectamente cómo mezclarse. En tal caso el ingeniero de grabación, simplemente necesita llevar a cabo su desempeño de manera adecuada. La sala de grabación, la elección del micrófono y la ubicación del micrófono son factores enormes las cuales influyen en el impacto y características de una grabación. La precisión es inalcanzable si se coloca el micrófono equivocado en la posición incorrecta de un instrumento en una sala no demasiado favorable acústicamente. Todo lo que puedes hacer es hacer que el sonido se adapte un poco a la forma como parte del proceso de mezcla. Las excelentes fuentes de sonido, una buena sala de sonido, los micrófonos correctos y una buena técnica de microfónica capturarán el sonido que más se mezcla con ellos. Por lo tanto, obtener una buena grabación inicial de base dará como resultado una mejor mezcla, más rápida y más fácil.

3.7 DISTINCIÓN ENTRE EL BUEN/MAL SONIDO

Partiendo que el sonido es siempre algo "subjetivo", realmente existen factores tangibles los cuales hacen que este pueda ser "bueno" o "malo". Primeramente, antes de nada, incluso antes de colocar un micrófono o empezar a preparar una sesión de una mezcla, es sumamente importante saber y ser conscientes tanto de las características del sonido deseables como las no deseables. Es por ello por lo que me refiero y doy importancia en esta parte de este libro. No especificando ni refiriéndome a ningún modelo de micrófono o equipo en concreto y en especial como tampoco entrando en otro tipo de detalles, más bien en las cosas que se necesita saber para utilizarlos con el fin de capturar el mejor sonido posible. Realmente no existe una respuesta simple a la pregunta acerca de "¿Qué es un buen sonido?". Quizás una buena respuesta podría ser en la línea de "lo que sea estilísticamente y artísticamente apropiado. ¿Pero cómo funciona?, ¿cómo puedo saberlo? sin embargo, esto a menudo se relaciona con si un sonido es apropiado para el contexto en el que se encuentra, o sea, si es necesario o no, o este es malo. Ciertamente el, mal sonido existe. Las fuentes de sonido de baja calidad, el equipo de mala calidad, las malas técnicas de grabación y las malas habilidades de mezcla pueden resultar en un sonido inapropiado, cuestionable o simplemente "equivocado".

¿Cómo aprendes a grabar y mezclar bien? Hay conceptos y habilidades básicas que se deben dominar antes de desarrollar tu propio estilo. Los músicos desarrollan sus habilidades y su estilo musical individual escuchando a otros músicos, emulando y eventualmente sintetizando muchas influencias en sus propias características únicas. Como ingeniero de sonido o productor, y como ejercicio es interesante el encontrar grabaciones/producciones de buena calidad, escucharlas, analizarlas e intentar emularlas y analizar por qué han podido hacer de estas unas buenas grabaciones. Desarrollando tus habilidades y técnicas antes de desarrollar tu propio estilo. Escuchar y familiarizarse con una amplia variedad de estilos de producciones musicales te ayudaran en la parte más comercial de la industria. Si solo escuchas hip-hop o Trap, ¡buena suerte cuando una banda de folk acústica se presente para un show o sesión en la que estés trabajando! Con suerte, al igual que muchos profesionales del audio, podrías combinar tu gran amor por los grupos y estilos que te gustan. No te límites a escuchar música por el hecho que guste el artista o el género musical. Cuando comienzas a escuchar de manera crítica, a menudo es más fácil concentrarse en el sonido y no distraerse con aquella música que nos gusta o por la cual simpatizamos. Se está escuchando un sonido que no está en su lugar o sonando correctamente. Es muy fácil quedar persuadido por un artista el cual nos gusta su música y ello nos parezca que su música sea mejor de los que verdaderamente es. ¿Qué se necesita para ser consciente de ello? cómo deberías escuchar y qué deberías escuchar para identificar las características deseables de una grabación?

3.8 LAS HERRAMIENTAS PUEDEN AYUDARNOS, PERO ESTAS NO HACEN QUE UN TEMA SEA BUENO

Prácticamente en la actualidad se pueden conseguir unos muy buenos resultados dado la gran variedad de equipos los cuales disponemos incluso con cualquiera de los más asequibles como pudiera ser una simple estación de trabajo compuesta por un ordenador portátil, una interface y un secuenciador digital. Siempre claro, que tengamos los elementos necesarios para que podamos conseguir un resultado satisfactorio. Estos serían:

1. Una buena canción

2. Unos buenos arreglos

3. Una buena ejecución/interpretación

4. Una buena producción

5. Una buena mezcla

Incluso si disponemos de los dos primeros factores, quizás incluso los otros dos no sean tan importantes ni relevantes. Desde mi punto de vista e experiencia, es un hecho el que el emplear equipo de calidad como podrían ser equipos analógicos, siempre va a contribuir a que alcancemos unos resultados de manera más rápida y precisa a que si por lo contrario los hiciéremos con un básico equipo compuesto tan solo por una estación basada únicamente en un DAW. A pesar que en la actualidad muchos de los ingenieros más famosos están mezclando discos meramente bajo un entorno digital, reemplazando todo el equipo analógico mediante el uso de plugins. Algo que, si se poseen tres de los cuatros elementos arriba citados, no tendría que ser ningún impedimento a la hora de conseguir un buen resultado en los trabajos. Evidentemente detrás de todo esto hay una gran estrategia comercial y de marketing por parte de las marcas fabricantes. No hay que olvidar el hecho que existe una industria la cual se retroalimenta con todo ello.

3.9 LA IMPORTANCIA DE LOS ARREGLOS EN LA PRODUCCIÓN MUSICAL

Antes de adentrarme en los diferentes aspectos y parámetros que intervienen en el proceso de la mezcla, me gustaría destacar el papel fundamental en cuanto a lo que una buena elección de un arreglo supone en el resultado global de una canción. Si no se define bien la selección de estos, muy dudosamente una canción va a poder a llegar a sonar realmente bien, muy a pesar del esfuerzo el cual se pueda llegar poner en las etapas posteriores a esta.

4

ELEMENTOS DE UNA MEZCLA

4.1 LA MEZCLA DE AUDIO PERFECTA

Hay 6 elementos para mezclar música que los ingenieros y productores siguen y que conforman el proceso de mezcla:

1. Nivel
2. Ecualización
3. Panorama (espacio y amplitud)
4. Efectos basados en el tiempo (espacio /profundidad)
5. Dinámica
6. Atracción/gusto/interés

Cada uno de estos elementos es tan importante como el siguiente. Cabe señalar que cada proceso es importante por sí mismo, pero esencial cuando están todos juntos. Ya sea en un entorno en un directo o en un estudio de grabación, seguir estos 6 elementos puede ayudarlo a lograr la mezcla de audio perfecta. Lo que hace que la mezcla sea tan compleja es que estos elementos interactúan. Cambiar el EQ de un sonido también cambia el nivel, cambiar la cantidad de ambiente altera el escenario de sonido, etc. En cierto modo, una mezcla es un puzzle, en la que una vez todos los elementos encajan en su lugar, se obtiene la mezcla perfecta.

4.2 NIVEL

Básicamente es el hecho de incrementar o disminuir el volumen mediante el fader o potenciómetro de los canales, para de esta manera poder atraer la atención del oyente las partes de mayor interés o protagonismo de una canción o sonido en el caso de incrementar los volúmenes de esta. De la misma manera disminuyendo y atenuando los demás elementos o sonidos los cuales puedan interferir en la inteligibilidad global de la grabación.

4.3 ECUALIZACIÓN

Es un parámetro y control el cual nos permite incrementar o atenuar las determinadas frecuencias para que una mezcla pueda a sonar sólida, compacta y agradable. De la misma manera añadir carácter y personalidad a pistas individuales o globales.

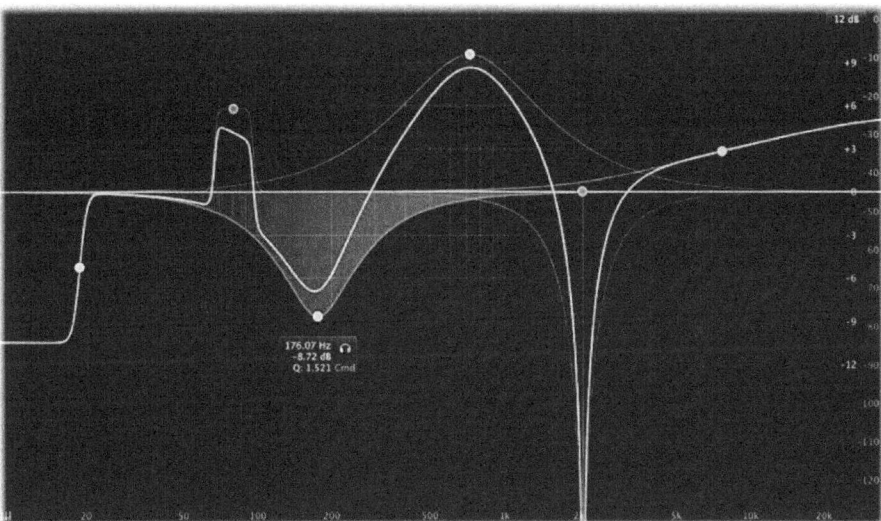

Existen diferentes tipos de ecualizadores, todos ellos sirven para incrementar o reducir el valor de determinadas frecuencias en el espectro del audio. Este es dividido en diferentes bandas frecuenciales. Incluso algunos sonidos los cuales pueden haber sido bien grabados, estos pueden sufrir de poseer algunas frecuencias enfatizadas, así como otras atenuadas y por lo tanto carentes de "vida". Principalmente la falta de definición de un instrumento viene dada por tener demasiada suma en la franja de medios graves, aproximadamente sobre de los 350hz a los 800hz. Cuando se trata de la mezcla, la ecualización tiene dos funciones principales. El primero de ellos es ajustar el tono de cada sonido a sus propios gustos, aunque esto es algo lo cual debería haberse solucionado durante el proceso de grabación. La segunda función de EQ en la mezcla es asegurarse de que todo lo que necesita ser escuchado pueda del mismo modo ser escuchado. Gran parte de este tipo de ecualización tiene que ver con cortar áreas no importantes del espectro de frecuencia de partes grabadas individuales, para que de este modo, se puedan escuchar frecuencias importantes en otras partes del contenido. Muchas veces, esto puede ser tan simple como usar un filtro de paso altos o paso bajos en determinadas pistas, y así poder eliminar cualquier ruido o zumbido no deseado, o puede requerir cortes y refuerzos sutiles en cada canal. La facilidad con la que se puede hacer esto dependerá a menudo de lo bien que se haya organizado la pista. No es infrecuente encontrar situaciones donde se necesita quitar mucho extremo inferior de las guitarras acústicas, voces o partes de un sintetizador, de lo contrario, el extremo inferior la mezcla podría enturbiarse. Por lo general, podemos buscar un equilibrio de gran cantidad de graves de dichos sonidos antes de que comiencen a sonar delgados en su contexto, y esto puede permitir que los instrumentos de bajo importantes y la batería suenen mucho más claramente. Del mismo modo, si tenemos un instrumento que no necesita estar al frente de la mezcla, podemos intentar rodar un extremo alto para que no compita con los sonidos que realmente deben destacarse. Podrías usar un ecualizador de tipo "Shelving "para hacer esto, o un filtro pasa bajos pronunciado si buscas más extracción quirúrgica. Esto puede ser particularmente muy beneficioso en las partes de guitarra rítmica, ya que enfoca el sonido de la guitarra y deja más espacio para otros instrumentos. Como regla general, las guitarras eléctricas y los sintetizadores generalmente se adaptan bastante bien a la forma para adaptarse a la mezcla, porque no tienen un sonido inherentemente 'natural' propio. Incluso si mediante EQ, ponemos un gran énfasis en un rango de frecuencia particular, esto podría no ser un problema, ya que las resonancias pronunciadas son características de ambas familias de sonidos. Finalmente, vale la pena mencionar que la mezcla estéreo puede confundir un poco las cosas en términos de ecualización durante la mezcla. Esto se debe a que tanto la panorámica, como la ecualización, puede crear una cierta cantidad de separación entre los sonidos. Sin embargo, todavía hay muchos entornos en los que los sistemas de reproducción funcionan prácticamente en mono, y en tales casos tu mezcla perderá el beneficio de cualquier separación panorámica y puede sonar confusa. Es por esta razón que es una buena idea verificar el balance tonal global en mono así como en estéreo, para no quedar atrapados en ello.

4.4 CONSEJOS PARA ECUALIZAR Y DEFINIR MÁS UN INSTRUMENTO

▸ Atenúa mediante el potenciómetro de la ganancia del ecualizador unos 8/12 db.

▸ Realiza un barrido por el rango de frecuencias hasta encontrar el punto donde reduciendo mediante el ecualizador, encontramos menos nivel de sonido retumbante y más definición.

▸ Ajusta la cantidad que creas necesaria. (Recuerda que quitar demasiado, puede dar como resultado, el obtener un sonido "delgado".

▸ Si fuera necesario, podemos reforzar el sonido añadiendo un poco de frecuencias medio altas (de 1khz a 4khz).

▸ Podemos añadir un poco de brillo al sonido añadiendo algo de frecuencia altas (de 5khz a 10khz).

▸ Si fuera necesario, podemos también añadir una ligera cantidad de "aire" en el rango de los 10khz a 16khz).

4.5 PANORAMA

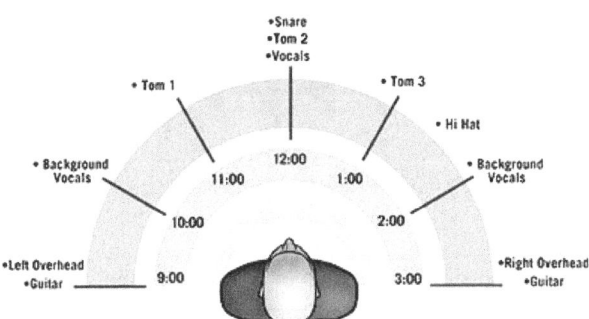

Si tuviera que pensar en el nivel y la ecualización como elementos verticales (arriba / abajo), la panorámica sería el elemento horizontal (izquierda / derecha). La panorámica puede ser muy útil en instrumentos que se encuentran en el mismo rango de frecuencia. Al desplazar uno a la izquierda y el otro a la derecha, se pueden separar los dos instrumentos y reducir la posibilidad que un instrumento enmascare al otro y hacer que sea más difícil escucharlo.

4.6 EFECTOS BASADOS EN EL TIEMPO

Los efectos basados en el tiempo forman el elemento de profundidad (de adelante hacia atrás). De la misma manera que lo hacen la reverberación y el retardo, pueden hacer que un instrumento parezca más lejano o, a veces, más grande que un instrumento seco. Los elementos mencionados anteriormente nos permiten crear una imagen tridimensional, pero también hay una cuarta dimensión disponible para nosotros: el tiempo. El tiempo es la forma clave en que la música difiere de las formas de arte estático, como las pinturas y las esculturas. Puedes mirar el cuadro de "La Venus del espejo" de Velázquez durante todo el día y nada cambiará. Ella ha tenido esa misma pose durante cientos de años. A la inversa, una canción puede cambiar dentro de los 30 segundos de escucharla y puede pasar por varios cambios a lo largo de la canción. Por lo tanto, utilizar una mezcla de todos los elementos que controlamos y cambiarlos a lo largo de la estructura de una canción puede dar como resultado una combinación vibrante y dinámica. La mezcla implica una buena cantidad de ligereza, es donde decidimos cuales son los instrumentos se están enfocando el oyente y puedes cambiar su enfoque dentro de la mezcla en cualquier momento. Un buen ejemplo de esto es pasar de una melodía vocal a otro instrumento solista. Ahora has captado sin problemas la atención del oyente desde la voz hasta el solo.

4.7 DINÁMICA

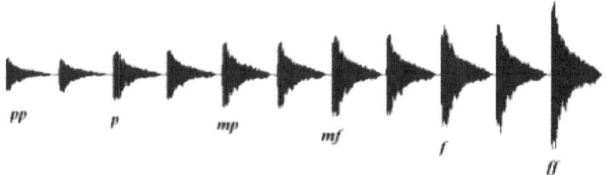

Todo el mundo ha oído hablar de ella y quizás sea uno de los aspectos que han ocupado y siguen ocupando la gran mayoría de artículos que se abordan en el mundo del audio. Ya sea tanto en su papel en el comportamiento de los equipos, la grabación, mezcla o el Mastering. De la misma manera existen un gran número de equipos los cuales sirven para tratar a esta como son los propios compresores, limitadores, puertas de ruido o expansores entre algunos de ellos. A pesar de ello sigue siendo para el aficionado o la gente que no está demasiado familiarizada con el mundo del audio un tema que sigue generando algunas dudas al respecto. Más adelante vamos a ver algunos de los aspectos básicos sobre los procesadores de dinámica y lo que es la misma dinámica en sí.

4.8 ATRACCIÓN/GUSTO/INTERÉS

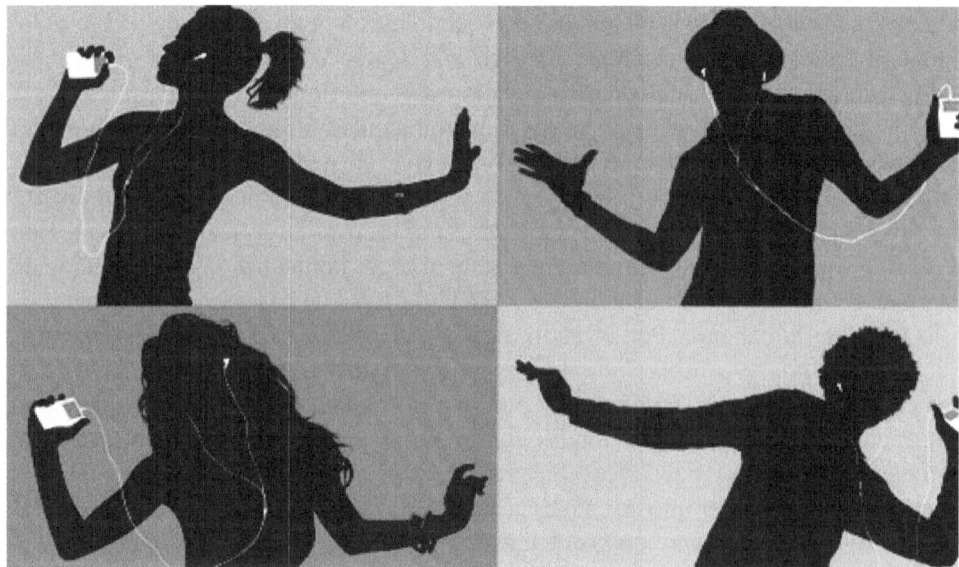

A la hora de mezclar, dependemos mucho de los arreglos que se escogieron para cada canción, así como de la grabación de todos los elementos. Ya que en cierta manera cuando se realizan los arreglos o se deciden que instrumentación va a ser participe en la función, se está ya "mezclando" con ello. Una canción o pasaje con unos buenos arreglos, nos facilitaré mucho la vida a la hora de realizar las posteriores mezclas de este. Por lo contrario, sino hubo nadie el cual pensó en ello, siempre nos va a resultar más complicado de mezclar.

A veces esto es debido a deficiencias de la propia grabación al no haber procurado realizar una buena interpretación y ejecución de la instrumentación.

Muchas veces cuando me han llegado mezclas cargadas de pistas y con unos arreglos de instrumentación sin demasiado sentido, lo que he hago muchas veces (siempre que tengamos manga para ello, y así nos lo permitan) es quitarlos de la mezcla, algunas veces dejando alguno, pero en un plano muy lejano y como relleno, y siempre que estos no hagan perder la atención del principal foco de atención de los elementos importantes y del interés de la canción. A veces el músico se ha echado las manos en la cabeza, al haberle extraído sonidos o instrumentos los cuales el previamente había incluido como parte de los arreglos, pero no siendo consciente que estos en vez de agrandar la mezcla, lo que realmente estaban haciendo era obstruir en esta. Tiempo más tarde y tras escuchar la canción ya mezclada y diferente a su versión de la pre-mezcla que este tenía, este se ha dado cuenta que realmente la canción había engrandecido y ganado en cuanto a calidad, espacio y sonido. A veces es cuestión de quitar y de no añadir más elementos. Referenciándome al mundo de la cocina, a veces no nos queda otra que añadirle una salsa a un plato el cual no sabe bien por sí solo. En cambio, un buen plato cocinado y elaborado con el hecho que se le añada un poco de aceite de oliva o una pizca de sal ya va a resultar ser exquisito si la receta es buena.

Unas patatas fritas, por mucho ketchup o mayonesa que se les ponga para añadirles sabor, no dejan de ser unas patatas fritas.

5

¿POR DÓNDE COMENZAR A CONSTRUIR UNA MEZCLA?

A través del tiempo y la experimentación, cada cual encuentra su propio método o manera a la hora de abordar y trabajar una mezcla de audio. Muchas veces todo ello no sigue una lógica común, ya que cada canción o pasaje contienen unos elementos diferentes como también sensación o emoción o una serie de problemas, todo sea dicho.

Una de las cosas más importantes para ello, es el de concentrarnos tan solo en la mezcla y no tengamos una sesión llena de distracciones como posibles problemas de edición o una no debida selección de tomas validas en la compilación de estas. Todo ello tan solo nos va a apartar de permitirnos un enfoque completo en nuestra mezcla.

Ya sea utilizando una estación de audio digital (DAW) basada en un ordenador o una grabadora de hardware o el primer paso siempre es reproducir el material grabado, individualizando una por una las pistas para verificar que no haya problemas, como clics, saltos, zumbidos o distorsión de sobrecarga. En analógico habrá que verificar si hay fragmentos de caída o algunos "gaps". Para ello habrá que crear una hoja de seguimiento en el caso que no existiera ya una, enumerando qué partes están y en qué pistas. Si fuimos nosotros mismos los que realicemos la grabación original, es posible que ya lo hayamos hecho, aunque en el caso de una aplicación de audio (DAW), la ventana de arreglos generalmente funciona lo suficientemente bien como una hoja de seguimiento virtual si nos acordemos de haber etiquetado las pistas. Si la pista utiliza instrumentos de software, tiene sentido congelarlos o cambiarlos al audio, una vez que hayamos verificado que el sonido es correcto, ya que eso libera la potencia de la CPU para los plugins que podamos necesitar mientras realizamos la mezcla. Otro de los pasos, es silenciar o eliminar cualquier sección no deseada, como el estornudo del cantante antes que comience a tocar la guitarra acústica o el ruido de los dedos en la guitarra eléctrica antes de tocar la primera nota. Cuando tengamos un kit de batería real en nuestra mezcla, compila los micrófonos de tom o use su editor de forma de onda para cortar físicamente todo el espacio entre los golpes de tom. Por lo general, es fácil identificar los impactos "reales" en la visualización de la forma de onda, incluso cuando hay mucho "leaking", y si no está seguro, siempre puede escuchar la sección para confirmar que no se está cortando algo que se debería mantener. Los Toms tienden a resonar todo el tiempo, por lo que esta etapa es importante. Cualquier pista de batería cerrada tiende a sonar muy poco natural de forma aislada a medida que el "leaking" va y viene, pero una vez que se agregan los micros de Overheads generales y otros micrófonos cercanos, encontraras que no puedes escuchar las puertas de ruido o las ediciones en absoluto.

Independientemente que seamos un productor que está tratando de obtener una combinación decente de un propio trabajo, es muy probable que muchas veces incluso un ingeniero de mezcla experimentado se pregunte "¿Por dónde empiezo esta mezcla?" El objetivo es mezclar todo, ¿pero empiezas con todo a la vez, o un elemento a la vez? Y que elemento Después de un tiempo, la respuesta a esta pregunta se vuelve personal. Muchos ingenieros de mezcla prefieren comenzar con las voces, muchos prefieren comenzar con la sección de ritmo y algunos se enfocan solo en el extremo de las frecuencias graves. Realmente no existe ninguna manera correcta e incluso siendo un viejo ingeniero experimentado, muchas veces este planteamiento nos surge y se nos repite ante algunas de las mezclas con las cuales trabajamos.

Vamos a ver algunos de los métodos más comunes donde la mayoría de los profesionales comienzan a construir la mezcla.

5.1 BASE

El problema de esta técnica es que no se resolverá bien para nadie que no comprenda bien el ritmo y la dinámica. El ritmo no tiene casi nada que ver con el tempo, y tiene que ver con el aumento y la caída de los elementos dentro de un pulso. Todos esos elementos ruidosos al principio de la línea, la longitud del sostenido de cada elemento, la nitidez del ataque, todo esto entra en juego. El trabajar correctamente estas cosas dentro de los elementos rítmicos primarios va a construir una base sólida para la mezcla por dos razones: Te da un marco de referencia para cada elemento. Te obliga a mezclar de una manera que mejora la canción, en lugar del sonido. Cualquier cosa que me ponga en contacto con la canción es una ventaja, incluso si es a expensas de sacrificar en algo la calidad del sonido.

5.1.1 Voz

Son muchos los ingenieros que comienzan la mezcla a partir de un buen sonido de voz. Se intenta conseguir que esta suene increíblemente bien y luego construye todo alrededor de esta, siempre revisando y volviendo a las voces principales para asegurarse que sean prominentes. Este método es bastante efectivo, siempre que sea el cantante el principal elemento o protagonista a destacar. En caso de un tema instrumental en la mayoría de las veces, será el líder del proyecto al que tengamos que "maquillar" y hacer destacar en toda la medida posible.

5.1.2 Clave del ritmo

Este sea quizás un buen punto de partida. Y el que más afinidad tiene con la globalidad del tema, ya que nos encontramos con todos los elementos interpretados a la misma vez. Comenzamos con el latido del corazón de la canción encontrando lo que nos mueve de esta. Buscando ese ritmo clave, el ritmo del que todo parece que forma parte. Ya sea en la guitarra, la batería, el sintetizador, o una simple melodía. Donde sea que este esté, busca el Groove que mueve el tema. Tanto como las letras en movimiento son importantes, la parte de la música que sentimos es el ritmo. El Groove determina, ante todo, cómo el oyente se conecta con la canción. Cuanto más fuerte sea el ritmo, más efectiva será la canción. Así intento encontrar el Groove, y a que se conecta este. Seguidamente es cuando me encuentro con la siguiente conexión. Y a medida que mezclo, no estoy simplemente mezclando para el sonido. Estoy mezclando para asegurarme que todas las partes rítmicas se conecten y se alimenten unas con otras. Este método es quizás el que más afinidad tiene con la mezcla, pero quizás también sea el que más difícil resulta para un ingeniero demasiado metido en la parte técnica.

5.2 OTROS FOCOS DE MEZCLA

Podemos salirnos de los métodos más convencionales, y no porque dichos métodos no funcionen, sino porque las voces o x instrumentos no siempre resultan ser una fuente de inspiración a la hora de realizar una mezcla. Ya que muchas veces tampoco trabajamos con voces. Otras veces podemos intentar agarrarnos a algo lo cual creemos que suena muy bien para que nos permita comenzar la mezcla entorno a esto. Quizás un método eficaz, pero lo cual no llega a resolvernos del todo. Ya que, si por un lado podríamos disfrutar del resultado del sonido final de la mezcla, por el otro lado habríamos impuesto nuestra personal visión y criterio en la canción. Y no hay que olvidarse que nuestra obligación y compromiso es el de posicionarnos a merced de la canción y no el imponernos ante esta. Hay muchas formas de comenzar una mezcla. Y eso puede evolucionar a lo largo de tu período de aprendizaje o carrera profesional. Quizás esto te proporcione algo de reflexión, especialmente si te encuentras mezclando tus propias producciones. Mi recomendación es la de realizar una pre-mezcla con todas las pistas abiertas e intentar capturar el mensaje y esencia de la composición. Ya que "todo afecta a todo", y de nada sirve el que nos enfoquemos en ecualizar en modo "solo", ya que muchas veces podemos caer en el error de que el sonido de bajo que buscamos, no necesita de una especifica ecualización, si no el substraer frecuencias bajas de otros instrumentos como el teclado o las guitarras. Por lo tanto partiendo de este concepto, podremos conseguir una globalidad e integración de los distintos elementos y sonidos de una producción global y tener un mismo plano de esta sin perder la percepción global en la integración de todo un conjunto de elementos.

Millennia
Music & Media Systems

6

PEPE LOECHES

"Si el mundo se gobernara como se gobiernan las abejas viviríamos en un paraíso"

Pepe Loeches

Me gustaría rendir un pequeño homenaje y especial mención al que sin lugar a dudas ha sido uno de los mejores ingenieros de sonido que ha tenido España hasta el día de hoy. Quizás ya no por su gran y fructífera trayectoria como profesional, la cual ha sido más que notoria, sino también como la calidad y afabilidad que era como persona, ya que al fin es lo que hacen grande a un ser humano. Cualidades y virtudes las cuales forman la cúspide de cualquier gran profesional.

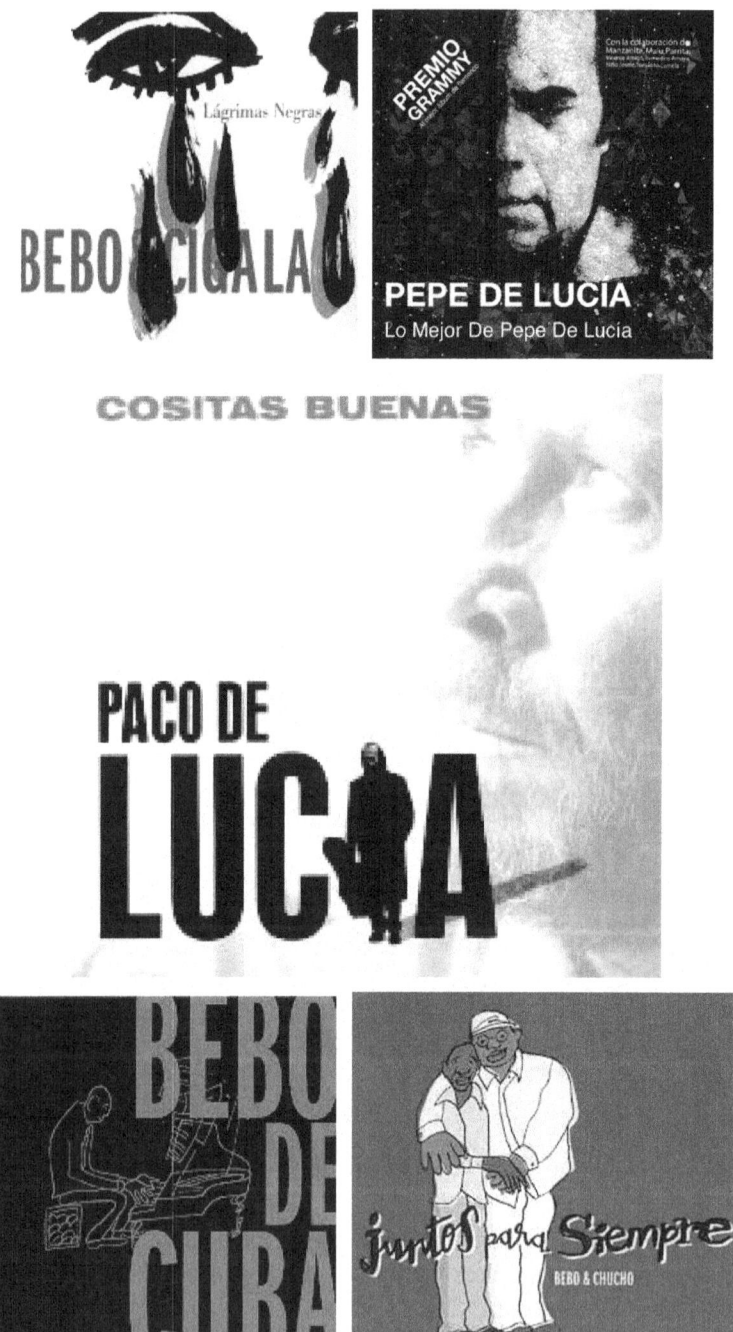

Figura 6.1. Los cinco trabajos por los cuales fue galardonado por la academia de los premios Grammy

Loeches comenzó su andadura en España durante los años 60´s en los estudios de Hispavox en Madrid. Posteriormente se marchó a Inglaterra sobre el año 1969 y fue allí donde expandió y desarrolló sus conocimientos en su carrera como ingeniero. Trabajó en los archiconocidos y quizás uno de los tres estudios de grabación más importantes de Inglaterra que había en aquella época como eran los PYE Recording studios de Londres. Allí y comenzando desde abajo alcanzó la posición de ingeniero residente trabajando en muchos de los proyectos de la emergente y fructífera escena musical inglesa. Artistas como Paul Mc Cartney, Stevie Wonder o Johnny Mercer, propietario por entonces del sello Capitol records por citar tan solo unos pocos de los artistas con los que trabajó durante su estancia la capital inglesa.

A su retorno a España Loeches siendo un aventajado debido a los conocimientos adquiridos en el Reino Unido y la amplitud en la visión que esto le otorgó en el dominio de la profesión, trabajó como ingeniero para varios estudios de grabación de España como Kirios y Eurosonic. Allí realizó un gran número de trabajos para muchos de los artistas del panorama nacional. Posteriormente junto a Joaquín Cobos, puso en marcha su propio estudio de grabación llamado Musigrama, el cual sigue en marcha en la actualidad bajo la dirección de Paco Ortega.

A pesar de su larga carrera como profesional durante más de cuatro décadas, el reconocimiento a este le llegó algo tardío ya adentrados en el año dos mil, siendo galardonado con x5 Latin Grammys por sus trabajos con Bebo Valdés y Diego El Cigala, Pepe de Lucia, Paco de Lucia, Bebo Valdés "Bebo" y otro en el disco de Chucho Valdés y su padre Bebo Valdés.

Figura 6.2. Pepe junto a sus 5 premios Grammys

Durante sus últimos años, Pepe Loeches se apartó un poco de la actividad en la profesión, siendo este de los pies a la cabeza un ingeniero de pura cepa, Pepe parecía estar algo desencantado respecto al giro tecnológico que estaba afectando de lleno a la música, argumentando bajo su personal punto de vista que se había cometido un grave error al posicionar la música al servicio de la técnica. Comentaba que todo ello le estaba produciendo mucho daño a la música. También comentaba el hecho que en la actualidad cualquier músico o aficionado que adquiere un equipo o un "Tontools" (nombre con el que el humorísticamente se refería a un sistema de grabación Protools) se autograba o produce el mismo y lanza un disco. Saltándose de esta manera el oficio de los profesionales que se dedican a ello. Los cuales son los especialistas y los que saben extraer lo mejor de una grabación, mezcla o cualquiera de las fases del sonido, de la misma manera que existen profesionales especializados en cualquier otro oficio que se precie. De pasar del lado útil y positivo por lo cual estos sistemas se crearon y ser una gran herramienta para que un músico pueda preliminarmente autograbarse en casa sus ideas para posteriormente ir a un estudio o a un profesional para realizar los trabajos, contrariamente se ha pasado a que sea en casa donde se graben los proyectos finales de los discos. Echo que ha generado lo que está ocurriendo en la actualidad que no es otra cosa que un declive en cuanto a la calidad musical en todos los aspectos de esta, así como una deshumanización de esta. Pepe ante este hecho y dado la dirección que estaba cambiando todo ello, tal y como me refería con anterioridad en sus últimos años de vida fue cada vez más retirándose profesionalmente de la música, este realizaba algún trabajo selecto el cual le venía de su agrado y pasó a dedicarse a su otra gran afición que era la apicultura. Este comenzó a producir una exquisita miel de su nativa región de la Alcarria en la zona Este de Madrid.

Por desgracia a los 66 años nos abandonó, fruto de un infarto por el cual no llegó a recuperarse del todo. En su Legado quedan las fantásticas grabaciones y mezclas que realizó en multitud de discos tanto artistas nacionales como internacionales. Discos de músicos como Paco de lucia, Bebo Valdés y el Cigala, Gerardo Núñez, La negra o Concha Buika, Miguel Rios, Julio Iglesias, Guadalquivir, Enrique Morente, The Harry Roche Constellation o Maxy Bygraves_o el estupendo disco de Iceberg "Coses Nostres" son solo algunos de los artistas que pasaron por sus oídos y manos. Cada vez que escuchemos algunos de sus trabajos, seguro que se nos pondrá una sonrisa en la cara al apreciar y decirnos entre nosotros mismos: "que buen sonido tenía Pepe Loeches". Me quedo con un par de sus grandes frases célebres *"Nadie es más que nadie y nadie es menos que nadie". "En un trabajo creativo nadie está en posesión de la verdad"*.

6.1 "TÉCNICA LOECHES" EN MEZCLA

Pepe Loeches tenía un concepto y visión del sonido clarísimos. Para el no existía ninguna distinción en sectorizar y especializarse estilísticamente como ingeniero de mezclas entre los diferentes géneros musicales. Pepe enfatizaba en que 500hz o 1khz eran iguales en cualquier tipo de música. Lo único que comentaba que debía de quedar claro era el hecho de saber situarse ante cualquier tipo de grabación y saber otorgar a esta la especial atención requerida. Saber con cuantos micrófonos grabar en cada momento y saber posicionar estos (todo lo contrario, quizás a lo que ocurre en la actualidad) De echo Loeches grabó y mezcló muy diversos estilos musicales, desde Orquestas, hasta música Pop, Rock, Heavy, Zarzuela o Flamenco por citar algunos de ellos.

El acercamiento y técnica de Loeches en la hora de estructurar y comenzar una mezcla tenía un lógico y sencillo proceso, no muy lejos de otros ingenieros de sonido veteranos de la quizás vertiente más purista y conservadora del sonido. El personal método de mezcla de Pepe consistía en posicionar como primer plano la voz principal y trabajar esta hasta conseguir el sonido deseado (instrumento protagonista en el caso de música instrumental o de un solista) y a continuación el bajo equitativamente a un mismo plano de nivel que la voz, pero sin que estos se lleguen a estorbar entre sí. Una vez conseguidos ambos planos, nos olvidamos de la voz y sacamos a esta de la mezcla. Posteriormente vamos con el bombo de la batería y el bajo hasta conseguir un bonito empaste complementario entre la tesitura de frecuencias de cada uno. Seguidamente quitamos el bajo de mezcla y continuamos con el sonido del kit de batería. Una vez hemos un satisfactorio sonido del kit de batería entero, abrimos el bajo y escuchamos el bajo con la batería y vemos cómo funcionan. Posteriormente nos vamos a los instrumentos de la sección de la armonía comparando estos con el bajo como referencia de nivel. Una vez tenemos el playback montado, finalmente abrimos la voz y esta va estar ahí en su lugar y presente tal y como la dejemos inicialmente. Evidenciando que siempre se van a tener que realizar unos pequeños retoques, ya que la voz ocupa un amplio lugar en el plano de la mezcla. Básicamente esta es su peculiar metodología y técnica, así como su personal y sencillo método y acercamiento el cual Pepe Loeches realizaba a la hora de trabajar en las mezclas.

7

MEZCLA DE AUDIO EN LOS DIRECTOS

Ya sea en conciertos, teatro, o cualquier evento de carácter corporativo la mezcla del audio es una de las partes más importante en el conjunto y globalidad de todos ellos. Ya que una correcta mezcla de audio permite el asegurar que todos los componentes de los instrumentos musicales, artistas o locutores están a un nivel de volumen y ecualización adecuados para que la música o el mensaje puedan debidamente ser transmitidos de forma adecuada y percibidos por el público o el oyente. Normalmente cada artista o banda de relevancia, suele llevar a su propio personal de sonido tanto en al caso de la mezcla de FOH como de monitores. Ya que los ingenieros de la banda conocen cada uno de los temas de la banda o artistas, así como de la instrumentación empleada por estos, como la manera de ejecutar los instrumentos por parte de cada uno de los músicos integrantes de la banda o artista. De la misma manera que en el estudio disponemos de un medio físico controlado y quizás menos problemático, en los directos estamos completamente supeditados a un medio físico y espacio donde se origina el evento o la actuación. A demás de la calidad de los equipos como la de los músicos o interpretes con los cuales debemos de trabajar y lidiar en todo ello. Como siempre mi acercamiento en la mezcla es siempre personal y propio. Basándome en mi propia experiencia, así como lo aprendido a través de otros ingenieros o profesionales con los cuales he trabajado o he visto como estos trabajaban. Voy a citar algunos de los pasos los cuales considero como importantes antes de implicarnos en la mezcla.

7.1 LA PRUEBA DE SONIDO

Como me he referido en alguna otra ocasión, donde comentaba aquello que "todo afecta a todo". El hecho que probemos cada instrumento de manera individual e aislada no resta que al interactuar posteriormente todos ellos, surjan problemas los cuales no estaban presentes originalmente cuando estábamos probando estos de manera singular. Por lo tanto, es bastante recomendable el que a medida que vayamos realizando las oportunas pruebas de sonido, a la vez vayamos dejando simultáneamente abiertos el resto de micrófonos en el caso de la batería o de todos aquellos instrumentos que requieran multimicrofonía. El abrir todos los micrófonos de las voces, también nos va a facilitar que podamos corregir cualquier problema de "leaking" o "feedback" en cada uno de los micrófonos participes. Después de haber probado todos los instrumentos uno a uno, mediante una breve prueba donde todos toquen a la vez nos será de gran ayuda para terminar de realizar los debidos ajustes. Ya que como sabéis, las dinámicas durante las pruebas suelen de tener poco que ver con la posterior durante el concierto.

7.2 FACTORES A TENER EN CUENTA

7.2.1 Supervisión y movimiento físico de la microfonía

Esto es algo esencial para que podamos conseguir dentro de las circunstancias el mejor de los sonidos provenientes del escenario. Una vez posicionada la microfonía por parte de los asistentes o técnicos de escenario, deberíamos salir de nuestro control de FOH y dirigirnos al escenario para supervisar personalmente el posicionamiento de la microfonía. A no ser que confiemos plenamente en nuestro técnico de monitores en el caso que sea este el encargado de ello. Ya que, si esto es realizado por la compañía que realiza los servicios del montaje y asistencia, es muy probable que estos no le pongan el empeño que esto debería tener. Deberemos de asegurarnos que los soportes están bien fijados y que la microfonía este posicionada en el mismo lugar y distancia donde fue colocada en el momento de la prueba de sonido (si es que la hubo). Un marcaje de esta mediante cinta adhesiva resulta de mucha ayuda en los festivales o montajes complejos.

7.2.2 Ruidos en las diferentes líneas de instrumentos

De igual manera que se debe comprobar que nos lleguen debidamente los respectivos canales de la microfonía, deberemos de comprobar las diferentes líneas. Ya que existen varios factores por los cuales estas nos pueden originar algún tipo de problema. Desde la propia guitarra, bajo, teclado u otro tipo de instrumento, la cual nos puede introducir cualquier tipo de ruido de masa. Unas desgastadas pilas de pastillas (en el caso de ser estas activas) también son uno de los problemas "clásicos" que suelen aparecer en algunos de los problemas con los sonidos de las líneas. Las tierras de las cajas de inyección son otro de los problemas más comunes que suelen aparecer. Por lo que tendremos que revisar la posición del switch en cada una de estas. Los cables Jack de los instrumentos, también son otro clásico en cuanto a posibles "creadores de problemas" en el sonido. Es sumamente importante el revisar todo ello durante la prueba, y asegurarnos de esta manera un mínimo de garantía y anticipación ante cualquier imprevisto o fallo por parte de los diferentes elementos del escenario.

7.2.3 Estructura de ganancia (Gain Stage)

Una etapa de ganancia es cualquier punto en su sistema donde la señal pasa a través de un amplificador. La etapa de ganancia más importante en el sistema de sonido en vivo suele ser el previo del mezclador, pero realmente todo, desde el micrófono hasta el amplificador de potencia que controla a tus altavoces PA, cuenta y contribuye en ello.

7.2.4 Otros posibles ruidos

En su forma más simple, el ruido es cualquier sonido no deseado en la señal, ya sea el derramado (leaking) por otros instrumentos en el escenario o el zumbido de bajo nivel y silbidos inherentes a los circuitos electrónicos. Ya sea debido a que estemos trabajando con instrumentos acústicos y equipos analógicos o con instrumentos que se ejecutan directamente mediante una moderna tarjeta de sonido, cada etapa de ganancia introduce ruido y tiene el potencial de amplificar todo el ruido en la ruta de la señal que lo precede. La configuración de ganancia adecuada permite minimizar el ruido al amplificarlo lo menos posible, y puede eliminar una gran cantidad de ruido eliminando las etapas de ganancia innecesarias por completo.

7.2.5 Ruido de fondo (Noise floor)

El ruido de fondo (Noise flor) es el nivel en una etapa de ganancia donde el ruido es más alto que la señal. Cuanto más sea amplificada la señal en múltiples etapas de ganancia, más amplificará el ruido y aumentará el nivel de ruido.

7.2.6 Distorsión (Clipping)

La distorsión se produce cuando la señal sobrecarga cualquier etapa de ganancia dada. A medida que los picos superan la capacidad de una etapa de ganancia, las partes superiores de las formas de onda se recortan, lo que provoca una distorsión en la señal. Los picos inesperados son la causa principal de recorte en el preamplificador, pero la distorsión también es común en las etapas de ganancia intermedias, como el ecualizador o el procesamiento dinámico. La única forma de evitar la distorsión es evitar que la señal sobrecargue las etapas de ganancia.

7.2.7 Pico

El volumen máximo y la intensidad de RMS son dos formas de medir la intensidad de la señal, y aunque la medición no juegue un papel importante en la forma en que se mezcla en un directo, es importante el comprender cómo estos factores afectan la estructura de ganancia.

7.2.8 RMS

Es el nivel promedio de señal, que es lo que perciben tus oídos; mientras que el volumen máximo mide las partes más altas de la señal. Por ejemplo, en una pista de guitarra acústica, tus oídos sintonizan con el sonido constante de las notas rasgadas o sostenidas, aunque el sonido de la pulsación de las cuerdas es significativamente más alto. Al configurar los niveles, es importante que ajustes la ganancia para que los picos más altos no sean recortados.

7.2.9 Operación nominal

El rango de operación nominal de cualquier etapa de ganancia es el volumen promedio (RMS) cuando los niveles máximos están justo por debajo del recorte de señal.

7.2.10 La relación señal/ruido (S/N)

Es la cantidad proporcional de dB entre el nivel de operación nominal y el piso de ruido. Cuanto más alto es el S / N, más bajo y menos notable es el ruido.

7.2.11 Headroom

El Headroom es la diferencia entre el nivel de funcionamiento nominal y el recorte de señal. Mientras menos espacio para el Headroom significa una mayor sonoridad general de la señal, más espacio para le Headroom significa que los picos repentinos tienen menos probabilidades de causar distorsión. Una estructura de ganancia adecuada proporciona el equilibrio perfecto entre volumen y el límite de altura del Headroom.

7.2.12 Ganancia de unidad

A menudo indicado por una U, la ganancia unitaria es cuando una etapa de ganancia en un equipo (por ejemplo, un fader de canal en un mezclador o una perilla de volumen de salida en un compresor) no refuerza ni corta la señal entrante. En otras palabras, al lograr la ganancia unitaria, esta afecta lo menos posible a la señal.

7.2.13 Ajuste de ganancia

El ajuste de ganancia, en general consiste en lograr una estructura de ganancia aceptable para trabajar de manera óptima con el sistema de audio. Esto es algo relativamente sencillo, sin embargo, requiere buscar cuidadosamente cada canal de entrada para establecer la ganancia (o recorte) para la etapa del preamplificador para que solo la cantidad aceptable de señal se envíe al mezclador. Precisamente, cómo hacerlo depende un poco del mezclador que se esté utilizando. Un enfoque típico es enviar el control deslizante (fader) del canal al centro (0dB) y modificar la ganancia de entrada en cada canal, mientras que ese canal se está utilizando en la cantidad que permanecerá durante la interpretación (haciendo que el artista cante o juegue en él) por lo tanto, los medidores de led en el mezclador muestrearán unos niveles relativos a 0dB. A menudo es mejor regular el canal del que también en este punto, ya que esto afecta la cantidad de esa entrada que llega a la mezcla. Hay muchas maneras de medir el nivel de entrada. Lamentablemente, la mayoría de los mezcladores compacto no ofrecen un medidor para cada canal, sin embargo, generalmente cuentan con un interruptor conocido como PFL (Pre-Fade Listen). Generalmente, al presionar este botón en el canal, el medidor principal del mezclador cambia temporalmente para señalar el nivel del canal elegido antes del atenuador de ese canal. Modifique la perilla de ganancia o ajuste mientras mira el medidor. Debes aumentar la cantidad hasta que el medidor muestre "0"; sin embargo, ten en cuenta que las señales de micrófono alternativas podrían crearlo en la "tubería "del audio durante la mezcla, por lo que debe dejar un espacio de headroom con PFL. -5db. De esta manera, una vez que empecemos a combinar señales, no abrumaremos la mezcla principal. Agregar eq probablemente puede cambiar el nivel de la señal, por lo tanto, también se debe de dejar espacio para eso. Si tiene el recorte completamente hacia abajo y también la señal de PFL permanece más que "0", puedes emplear el interruptor de Pad del canal; esto puede disminuir la sensibilidad del preamplificador de micrófono en una cantidad fija, lo que reduce la posibilidad de distorsionar la señal. * Ya que algunas consolas tienen más espacio de headroom que otras, deberás experimentar para examinar, sin embargo, podrás empujar el gain antes que se produzca la distorsión. Una vez que la ganancia está lista, puede activar el fader de canal para escuchar la señal. Al menos algunos de los faders de canal deberían estar en o cerca de la marca "0"; Si todos los faders están muy bajos o muy altos, algo está mal. Si la configuración del fader master en "0" hace que el volumen en el espacio sea demasiado alto, baja los controles de nivel en los amplificadores de potencia. Si deseamos subir el atenuador principal para inducir un volumen adecuado dentro de la sala, es posible que los amplificadores de potencia estén demasiado bajos o que nuestro sistema tenga poca potencia.

7.3 COMENZAR POR EL MEJOR SONIDO QUE SEA POSIBLE

Hay muchas formas de asegurarse que arrancamos con el mejor sonido posible, os dejo algunos consejos rápidos y rudimentarios a la hora de sonorizar. Para los micrófonos, posicionar cada micrófono lo más cerca posible de la fuente es la clave, ya que obtendremos una señal más fuerte y captará menos ruido. Evita usar los Pad si es posible, pero tampoco debemos de sobrecargar los micrófonos. Los amplificadores de guitarra cuentan con un par de etapas de ganancia que son notoriamente mal administradas. A menos que el guitarrista necesite activar la salida para obtener el tipo correcto de distorsión, intenta alentar un volumen de escenario más bajo. Esto te permitirá ejecutar una señal más limpia a través del PA y reducirá el derrame(leaking) en micrófonos a través del escenario.

7.4 SUBE LOS PREAMPLIFICADORES Y MEZCLA CON LOS FADERS

Uno de los errores más grandes que cometen incluso los experimentados ingenieros de sonido en vivo es configurar una mezcla de los preamplificadores y luego volver a mezclar desde los faders (y desde los envíos auxiliares). Si bien a menudo es el resultado de trabajar con muy poco tiempo en la configuración del sistema, esta práctica es ineficiente e invariablemente conduce a una mala estructuración de la ganancia. Un método mucho mejor es comenzar a marcar en cada canal configurando el fader de canal a ganancia unitaria y luego activando el pre micrófono hasta que la entrada se encuentre en un nivel de funcionamiento nominal ideal. Si bien pocas consolas de mezcla de sonido en vivo proporcionan una medición de canal detallada, la mayoría incluye un indicador (generalmente un LED etiquetado como Pico o Clip) para indicar cuando un pico entrante cruza un umbral justo por debajo del recorte de la señal. Un método altamente exitoso para lograr una ganancia de entrada ideal es subir el micrófono previo hasta que la luz indicadora parpadee en los picos más altos y luego bajar la ganancia en aproximadamente -15dB. Esto asegurará una señal fuerte, al mismo tiempo que proporciona un espacio adicional de margen para prevenir el recorte si aumenta un poco el ecualizador o recibe golpes con transitorios inesperados. Desde allí, puedes usar los faders para reducir el volumen innecesario, reduciendo el ruido a medida que lo mezcla en lugar de aumentarlo.

7.5 FILTROS Y PADS

Hay dos funciones de entrada adicionales que se encuentran en la mayoría de las consolas de mezcla de sonido en vivo que pueden tener un gran impacto en la puesta en escena de ganancia: Los filtros y los Pads de atenuación. El interruptor del pad introduce un atenuador antes del preamplificador (a menudo fijo en -20dB), lo cual permite conectar señales que de lo contrario sobrecargarían la entrada. Sin embargo, esta reducción de ganancia proviene de la parte superior del rango dinámico, por lo que no afecta al "Noise floor", lo que reduce la relación señal-ruido, por lo que es mejor no usar el pad a menos que sea absolutamente necesario (lo mismo que ocurre con el de los micrófonos). A la inversa, el filtro de paso alto conmutable elimina la información de baja frecuencia que probablemente no queramos escuchar de todos modos. Para ponerlo en perspectiva, este es el rango de frecuencia donde el ruido de la etapa, el ruido de manejo y el viento están presentes. Al filtrar juiciosamente las bajas frecuencias de los canales que no necesitan un exceso de frecuencias graves (por ejemplo, prácticamente todo, excepto los bombos y los bajos), podemos eliminar una tonelada de ruido de nuestro sistema.

7.6 GESTIÓN DE LA CONFIGURACIÓN DEL ECUALIZADOR

7.6.1 Ecualizador después del preamplificador

La señal pasa a la inserción (más sobre esto más adelante) o la sección del ecualizador. En primer lugar, sino tiene la intención de usar el EQ, y el EQ tiene un bypass, entonces también puedes evitarlo y eliminar una etapa de ganancia innecesaria de su ruta de señal. Si utilizas el EQ, es prudente pensar en cada banda de frecuencia como su propia etapa de ganancia. Si dejas la ganancia en 0dB, entonces está en la unidad y no debería afectar el espacio total para el Headroom. Puedes de esta manera cortar el EQ sin preocuparte por sobrecargar la estructura de ganancia y, como con cualquier etapa de ganancia, el corte también disminuirá el ruido en la banda de frecuencia seleccionada. Por lo tanto, es mejor cortar las frecuencias no deseadas que aumentar el rango deseado. Si necesitas aumentar tu EQ de canal, ten cuidado de no aumentar demasiado o también introducirás distorsión. Aquí es donde darte ese espacio adicional aproximado de unos de 15dB, puede "guardar" tu calidad de sonido.

7.7 EQUIPO EXTERNO/PLUGINS INTERNOS

Figura 7.1. El mezclador AVATUS de la firma alemana Stage Tec es un paso adelante en cuanto a al concepto de los mezcladores en los directos

Si se emplea compresores externos, unidades de efectos u otro equipo de procesamiento, hay que tener en cuenta que cada pieza de engranaje agrega una etapa de ganancia adicional a la ruta de señal. Para los compresores, hay que intentar ser algo conservador con la ganancia del "Makeup" e intentar aumentar la señal hasta el mismo volumen máximo que teníamos originalmente. Si bien la compresión es una excelente manera de aumentar el volumen promedio del audio, recuerda que cuanto más comprima un sonido, más aumentará el nivel de ruido con la ganancia del Makeup Los efectos presentan otro desafío para la adecuada estadificación de la ganancia. La reverberación puede acumular rápidamente un aumento de volumen significativo, y muchos efectos de modulación barren un impulso máximo que puede sobrecargar el canal sino se tiene cuidado en ello. Si planeamos utilizar efectos en cadena, asegúrate de tener unos dB´s de espacio adicionales como método de prevención.

7.8 MEZCLA

Como norma general debido a los retumbos y zumbidos que provoca un escenario musical así como el rango y tesitura que comprenden un instrumento musical determinado, como comentaba un poco más arriba, mediante el uso de los HP filter (filtros pasa altos) podemos limpiar mucho del ruido indeseado provocados por algunos de los factores externos los cuales no están presentes en la señal original, estos suelen ser introducidos en las señales tanto de los micrófonos de escenario, como en las líneas de los instrumentos. Quizás pensaras que, si están combinando varias señales fuertes, entonces sobrecargarás rápidamente tu bus de mezcla, pero las matemáticas hacen que este proceso sea un poco más complicado y mucho más indulgente de lo que crees. Por un lado, es probable que no se desee mantener todos los niveles en ganancia unitaria, por lo que siempre que mantengas la señal más alta en la mezcla (a menudo el bombo u otra percusión) en la unidad y mezcles el resto. Al cortar las pistas por niveles, deberías terminar con una mezcla sólida que alcance un máximo de alrededor de 0 dB en el bus maestro. Si está combinando varias señales que deben permanecer todas en un nivel casi idéntico, como sucede a veces con varios altavoces o conjuntos pequeños, es posible que debas bajar cada canal unos pocos dB para lograr los mismos resultados.

Hay una serie de factores que influyen en el global del producto final. Como regla general, si la mezcla es excelente en FOH y horrible en otros lugares, lo más probable es que tengamos un problema acústico o relacionado con el sistema. Si la mezcla suena igual en todas partes, para bien o para mal, lo más probable es que sea la persona que está realizando la mezcla. Como con la mayoría de las generalizaciones, existen excepciones las cuales rompen toda regla.

7.9 ¡CUIDADO CON EL EXCESO DE LOS GRAVES!

Cuantas veces han sido las que hemos asistido a un concierto y cada vez que la maza del pedal del bombo del batería golpeaba al kit, esto parecía como si nos pegaran un puñetazo en el estómago y nos retumbara todo el cuerpo debido al alto nivel de presión sonora de dichas frecuencias. Pero al escuchar todo el conjunto de la mezcla más bien parecía la fiesta de la inteligibilidad y de la diarrea del espectro frecuencial juntas. No apreciando a penas las voces, coros o el resto de los instrumentos melódicos. Eso sí, mucha sensación de potencia y de watios en el sistema de los SUBS, lo cual no se traducen para nada a una calidad de sonido en cuanto a una correcta y buena sonorización.

En primer lugar, debo decir que a menudo depende de dónde estés sentado en la sala y de qué tipo / tamaño de sala estés. En general, cuanto más lejos del escenario, más graves suelen haber. Por lo que cualquiera que esté ubicado más distante del escenario, significa que estará más sujeto a más graves porque las frecuencias más bajas viajan más lejos. De hecho, dada la misma cantidad de energía que una frecuencia de tono más alta que la mitad de la longitud, una frecuencia de bajos viajará el doble de la distancia. Esa es la explicación simple: en realidad es más complicada debido a la difracción, los reflejos y la forma en que se absorben las frecuencias altas y bajas dentro de un espacio o recinto acústico. Dejando aparte todos estos problemas físicos, en la actualidad se tiene tendencia a sonorizar con un exceso de graves. La cual cosa provoca una respuesta en frecuencia descompensada y poco equilibrada y en la mayoría de los casos. Algunas veces es debido a una excesiva potencia en el reforzamiento de las bajas frecuencias y por lo tanto una no adecuada compensación del sistema de audio contratado para el área o espacio de cobertura que se debe de cubrir.

A parte en una mayoría de casos el exceso de graves se transforma en una "bola" poco definida la cual no hace otra cosa que el enturbiar toda la mezcla. Hay que ser conscientes de todo esto y aquí habría que aplicar aquello que dicen que "La potencia sin control, no sirve de nada". Por lo que es nuestro deber el de realizar las pertinentes sonorizaciones dejando aparte nuestro gusto y personal limite en el "pedal del acelerador" (faders/potenciómetros y cia) de los equipos y el adecuar nuestra "velocidad" y potencia de los equipos a los límites de establecidos. Ya que luego vienen las "multas" (criticas) y como todo en la vida, hay que pagar siempre un precio por el valor de estas.

7.10 DEMOCRATIZACIÓN EN EL SONIDO

Como me refería con anterioridad, hemos de ser conscientes que cuando tenemos que sonorizar un concierto o evento, no estamos mezclando bajo nuestro criterio personal, sino que lo debemos de hacer para la mayoría del público asistente. Por lo que es nuestro deber el hacer que el sistema de audio con el cual estemos trabajando, rinda lo más homogéneamente posible en cualquier punto de la cobertura del propio sistema.

Muchas veces estamos expuestos a mezclar bajo el criterio de los managers o productores de las bandas y los artistas, no siendo muchas veces este el mejor de los criterios, pero como bien sabemos que "el que paga manda" no nos queda otra que el de hacer contentar a estos. Aún a sabiendas que las cosas podrían hacerse mejor o peor porque no decirlo. Estamos a merced de la banda o artista con el que trabajamos, pero también con todo el público asistente al evento o concierto. El compromiso viene comprendido por todos estos aspectos, aparte de alguno que otro más.

8

MUNDO DIGITAL

Desde hace ya algunos años que los sistemas digitales forman parte de prácticamente cualquiera de los actuales estudios de grabación de la actualidad. A pesar que existen muchas discrepancias al respecto, hay que valorar las muchas de las ventajas que estos nos ofrecen a la hora de trabajar tanto en la grabación, edición, mezcla o mastering. Vamos a destacar algunas de estas ventajas, así como algunas de las partes y características de su complejo funcionamiento.

8.1 ALGUNAS VENTAJAS Y BENEFICIOS DE LOS ACTUALES SISTEMAS DIGITALES DE GRABACIÓN

8.1.1 Repetibilidad e inmunidad a la degradación

Desde que el CD apareció como el primer medio de música digital para los consumidores a principios de los 80, la digitalización del mundo del audio ha progresado constantemente. Los sistemas de sonido comerciales están siendo diseñados para aprovechar los numerosos méritos de la tecnología digital. Aquí hay un breve resumen de los conceptos básicos de audio digital. En los sistemas de audio digital, las señales de audio analógicas se convierten en datos digitales (numéricos) que luego se transmiten y procesan en forma digital.

8.1.2 Fácil operación y automatización

La capacidad de memorizar y recuperar ajustes cuando sea necesario es otro beneficio digital. En el mundo del sonido de estudio, podemos memorizar escenas de mezcla, así como diversas automatizaciones de los distintos parámetros. En el sonido en directo, en lugares como una sala de banquetes o espacio para eventos, por ejemplo, puede tener configuraciones básicas para cenas, reuniones, presentaciones y otros eventos preprogramados para que puedan recuperarse en un instante. Con la configuración básica ya preparada, todo lo que tienes que hacer es realizar los ajustes menores necesarios. En comparación con la configuración de todo el sistema desde cero para cada evento, esto puede ahorrar una cantidad significativa de tiempo y esfuerzo. Los sistemas digitales también pueden suprimir automáticamente la retroalimentación y compensar las variaciones de volumen si un altavoz no mantiene una distancia constante del micrófono, por ejemplo. Unas variedades de tareas previamente complicadas se hacen más fáciles o totalmente automatizadas por la tecnología digital avanzada.

8.1.3 Múltiples funciones en un solo dispositivo

Al igual que las computadoras, los dispositivos de audio digital funcionan de acuerdo con los programas. Por lo tanto, se puede implementar una amplia gama de funciones en un solo dispositivo proporcionando los programas adecuados. La cantidad de dispositivos necesarios para un sistema completo se pueden reducir, ya que se minimizan los costos de compra, instalación y mantenimiento, a la vez que permite que los sistemas potentes se instalen en una cantidad de espacio relativamente pequeño.

8.1.4 Expansibilidad y conectividad

A diferencia de los dispositivos analógicos que tienen funciones fijas, los programas utilizados en dispositivos digitales pueden modificarse durante la instalación para adaptarse a los cambios en el diseño del sistema, o para realizar mejoras o permitir la expansión una vez que el sistema esté completo. Por ejemplo, los dispositivos digitales también pueden conectarse a ordenadores externos o sistemas de control de panel táctil que permiten un fácil acceso y control. Las interfaces personalizadas pueden diseñarse para facilitar a los operadores sin experiencia realizar los ajustes necesarios. Los mezcladores y procesadores digitales que admiten tarjetas de expansión interconectadas, permiten aumentar el número de entradas y / o salidas disponibles en una variedad de formatos analógicos y digitales. Esto significa, por ejemplo, que puede usar procesadores analógicos existentes en su nuevo sistema digital, mejorando aún más la flexibilidad y reduciendo los costes generales.

8.2 FUNCIONAMIENTO DE LOS SISTEMAS DIGITALES

8.2.1 Frecuencia de muestreo y profundidad de bits (Sample rate and Bit Depth)

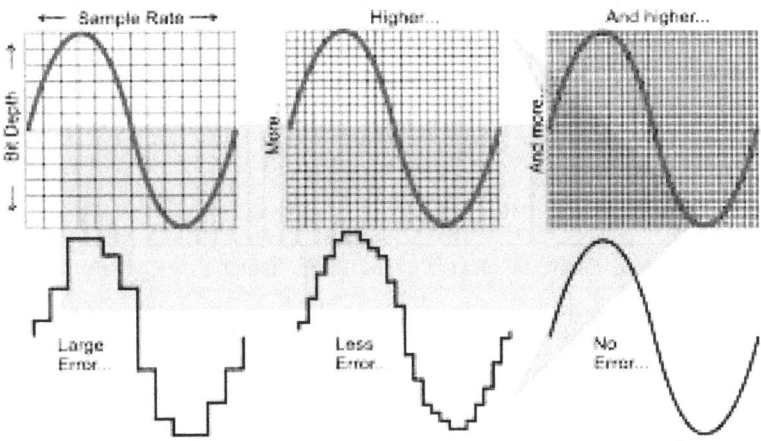

En el mundo del audio digital, la frecuencia de muestreo y la profundidad de bits pueden ser un tema de dilema y discrepancia y de un largo debate. Debido a la gran cantidad de dispares opiniones, el recurrir a internet y a la fuente de sabiduría universal, muchas veces esto resulta ser más una desinformación que no una fuente de información o ayuda. Vamos a revisar lo más básico de ello. Comenzaremos con una onda de audio, una onda de presión con resolución infinita en el dominio del tiempo y frecuencia. Una onda en la que ningún sistema electrónico, analógico o digital puede capturar y reproducir de forma total y sin perdidas. Dicho este, las limitaciones de un sistema digital es que solo tenemos 1 y 0 para representar el audio que estamos escuchando. ¿Entonces porque no hacer el mejor uso de estos dos dígitos?

Para ello, primeramente, necesitamos convertir la representación de nuestra onda de audio en el ámbito digital. Para ello disponemos del convertidor analógico o digital (ADC). Nuestra señal analógica suave e infinitamente resuelta debe pasar a través de un filtro anti-aliasing. En resumen, evitará que las frecuencias más altas que las que tenemos que muestrear, interfieran en el proceso de muestreo. Las cualidades de estos filtros desempeñan algunos de los roles más importantes para poder capturar un sonido analógico, siendo este uno de los factores clave el cual determina el "sonido" de un convertidor.

8.2.2 Frecuencia de muestreo (Sample rate)

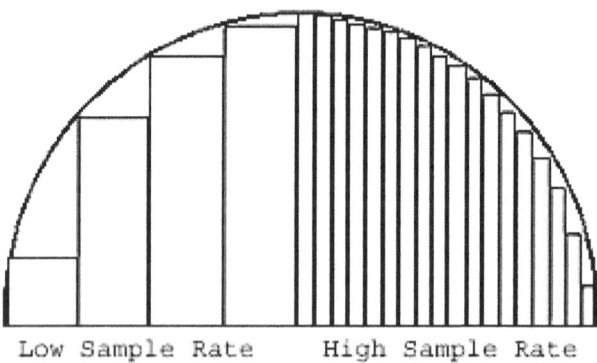

Low Sample Rate   High Sample Rate

La frecuencia de muestreo se considera más como un contenedor de información de la frecuencia. Esta es la resolución horizontal que representa el dominio del tiempo. Podría decirse que no es tan importante como se puede llegar a pensar, pero de hecho esta tiene un efecto en el audio el cual está tratando de reproducir y representar. Por lo tanto, debemos de tener a esta en cuenta dependiendo de la delicadeza de la grabación que se esté realizando. Las frecuencias más altas, incluso aquellas fuera de nuestro rango de audición, si afectan los tonos que están dentro de ese rango.

Hay que recordar que el audio es una onda de presión, por lo tanto, incluso un ligero cambio de presión puede inducir un efecto mariposa en el audio. Cuando trabajamos con frecuencias de muestreo elevadas, somos capaces de capturar aquellas inaudibles frecuencias. Estas frecuencias son armónicas de los tonos los cuales podemos escuchar. Pero si trabajamos con frecuencias de muestreo más elevadas, también nos permite procesar estas conjuntamente con las frecuencias audibles. Esto no significa que por el hecho que nosotros no podamos escuchar estas frecuencias, no podamos sentir estas o estas no vayan a tener repercusión en nuestro sonido. Sino capturamos frecuencias por encima de nuestro rango auditivo humano, podríamos obtener un puñado de ondas sinusoidales de alta frecuencia sin carácter o ligeramente en el rango de los agudos. A menudo cuando pensamos sobre la frecuencia de muestreo, tan solo nos viene a la cabeza las más altas frecuencias las cuales podemos de manera precisa podemos muestrear. Pero normalmente no pensamos a cerca de la sutileza sobre lo que hay entre medio de estas.

8.2.3 Profundidad de bits de audio (Audio file bit depth)

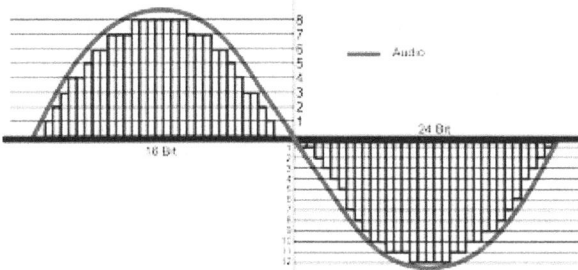

Muchas veces la profundidad de bits de audio es incomprendida o mal interpretada. El archivo de audio que está en nuestro ordenador o el mismo que es creado en el DAW, es simplemente un contenedor de información el cual el ADC ya creó. Por lo tanto, los datos ya existen en su forma completa antes que estos vayan dentro del ordenador. Este es el concepto el cual tendríamos que coger sobre esto.

Cuando seleccionamos la profundidad de bits del archivo de audio para grabar en el DAW, estamos también seleccionando el tamaño del contenedor en el que queremos que ingrese la información. La mayoría de los ADC capturan el audio en 24 bits independientemente de la selección que se realice en el DAW.

¿Entonces, qué es lo que ocurre cuando seleccionamos un archivo flotante de 32 bits o de 64 bits? El audio sigue siendo de 24 bits hasta que vuelva a ser procesado. En la mayoría de los casos, pasará a través de un efecto de plugin flotante de 32 bits o incluso un mixbus de 32 bits. (algunos tienen 32 bits de flotación). La captura de audio, no cambia nada o hace que suene mejor por el hecho de colocar este en un contenedor de 32 bits o 64 bits. Es la misma información, con la diferencia que un puñado de 0 etiquetados se mantengan esperando algo que hacer.

¿Por qué un contenedor de archivos flotantes de 32 o 64 bits es bueno? Con un número de 24 bits, tenemos un número finito de decimales (en este casi 24) para cualquier información entre 0 y 1 los cuales entregan nuestro ADC. En un archivo flotante, la posición decimal puede moverse o "flotar" para representar diferentes valores. Y no solo eso, sino que también tenemos 8 bits adicionales de resolución o imagen, los cuales no estaban allí antes. Esto nos permite hacer algunas cosas bastante impresionantes en términos de procesamiento y computación. Básicamente, podemos darle a nuestro audio la resolución que tenía originalmente, simplemente procesándolo e interpolando nuevos puntos en el espectro dinámico. También podemos alterar dinámicamente y no destructivamente nuestro audio, siempre y cuando este permanezca en el dominio digital. Incluso podemos evitar un mayor recorte del audio capturado. Es por eso que escuchamos que es tan importante mantener la misma profundidad de bits o incluso más alta durante todo el proceso de producción. Por lo tanto, si se obtienen archivos de 16 bits para mezclarlos, el trabajar a 24 bits, o mejor aún a 32 bits flotantes. De esta manera podemos mejorar el rendimiento de trabajo. Ya sea reproduciendo grabaciones clásicas sutiles, o mezclando una nueva generación de EDM (electronic dance music) de onda cuadrada, la profundidad de bits es igual de importante para representar su dinámica, incluso si perceptiblemente no hay ninguna.

8.2.4 DAC (Conversión digital a analógica)

Con la frecuencia de muestreo y la profundidad de bits, el DAC transforma nuestros bits de nuevo en una forma de audio analógico suave y mantecosa. Es una forma interpolada basada en esos puntos muestreados. (Es decir, rellena los espacios en blanco). Pero se basa indiscutiblemente en la información capturada. Las frecuencias fuera del rango de audición también desempeñan un papel importante en la electrónica que alimenta nuestro equipo de reproducción. Por lo tanto, es importante tener eso en cuenta también. La mayoría de los equipos de audio decentes se someten a pruebas fuera del alcance del rango auditivo humano y esas frecuencias tienen un impacto en el comportamiento de los componentes electrónicos del equipo. Estamos intentando capturar digitalmente la señal analógica que representa nuestra onda de audio. ¿Por qué gastar 3.000€ en un preamplificador sino podemos exprimir cada céntimo de este? Sigue siendo cierto que las frecuencias de muestreo cuádruples, como 176.4 kHz, 192 kHz y superiores, pueden inducir errores de muestreo y otras inconsistencias. Pero en el proceso de reducción de la resolución de la muestra o declinación. Más adelante, estaremos interpolando y recalculando esos errores de todos modos. El punto es capturar la información para empezar. Y, de nuevo, esto es discutible para algunos con respecto a su efecto audible, pero esto es algo lo cual sigue siendo un hecho.

Analog to Digital Converter converts an analog input to a digital output

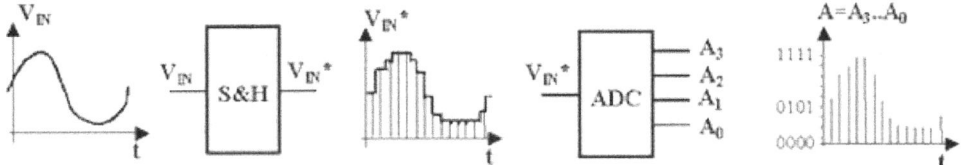

Digital to Analog Converter converts a digital signal to an analog output

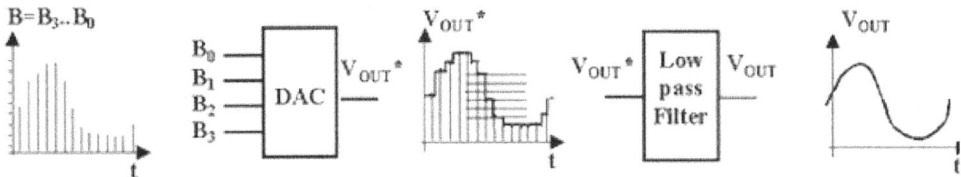

8.2.5 Reducción de bits

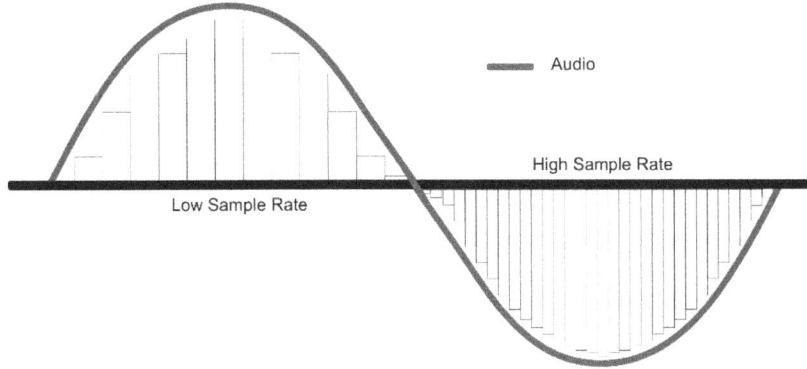

Esto nos lleva al importante tema de la reducción de bits. En el supuesto que tengamos que tomar este audio que se captura dinámicamente y hacerlo más pequeño. Así que tiene que haber una vez más, más interpolación.

¿Cómo tomas 32 bits de información, habiendo pasado tanto tiempo mezclando y escuchando críticamente, y la metes en un espacio de 16 bits?

8.2.6 Dithering

El proceso de vacilación en estos días no parece tener mucha importancia, al menos en mi pequeño mundo, y a menudo no se tiene en cuenta debido al tipo de material que se está produciendo. Con el audio digital, la amplitud resultante de una señal de audio es una representación directa de su profundidad de bits. La música más popular ahora se produce de una manera que es única, mezclando los tonos distorsionados que pasan por los dispositivos destinados a distorsionarlos aún más (al menos en la música pop). Pero es parte del estilo. Esta distorsión crea armónicos, o divisiones de frecuencia, lo que podría ser otro argumento importante acerca de por qué la frecuencia de muestreo tal vez se debe tener en mayor consideración. Pero con el sonido de 16 bits de audio, donde no hay mucho movimiento dinámico, y solo 16 bits para representarlo, solo estamos utilizando los últimos bits de información para representar nuestro audio. El "sonido" de interpolación se produce cuando nuestro audio comienza a alcanzar "Noise Floor" pero utilizamos este como punto de comparación para los niveles dinámicos. Así que haz que tu silencio importe tanto como tú información audible.

8.2.7 Downsampling

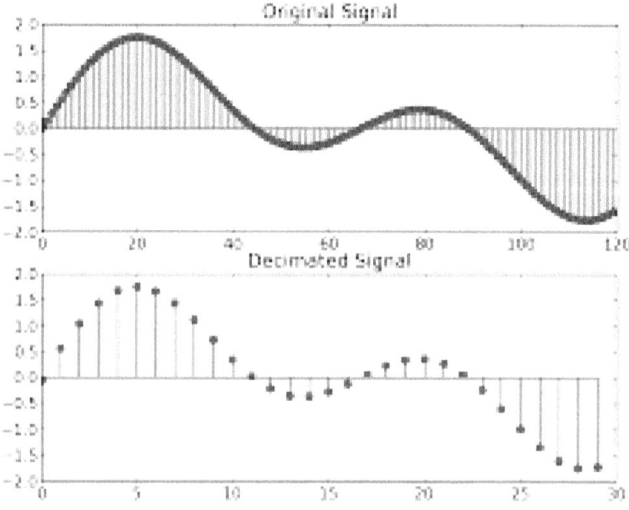

El tema de elegir una frecuencia de muestreo y reducir el muestreo es también a veces un ejercicio de cordura. Estos son los hechos: 44.1 kHz, 88.2 kHz y 176.4 kHz son frecuencias de muestreo para medios de audio. Piensa en CDs, si nuestro audio va a terminar en un CD, para eso está destinado dicho sample rate. Las frecuencias de muestreo de 48 kHz, 96 kHz y 192 kHz son para medios de video como DVD, Blu-ray, etc. La idea de "más es mejor" es inexacta. Debería ser "más es diferente". Las matemáticas para dividir de 96 kHz a 48 kHz son simples, se dividen por 2.

Lo más importante que debes comprender es que la reducción desigual no es una representación precisa de lo que captas, sino que es una forma de interpolar. Es por esto que algunas personas creen que 48 kHz suena diferente a 44.1 kHz. La declinación desigual introduce manchas en el audio las cuales no estaban antes presentes. Por desgracia, el timbre siempre estará allí, más o menos.

Otro tema problemático es "¿debería volver a muestrear regrabando la señal analógica, o muestrear nuevamente en ordenador? Ambos métodos ciertamente tienen sus pros y sus contras. Al volver a grabar la reproducción analógica de una grabación digital, simplemente estamos volviendo a capturar una forma de onda interpolada que se presta a una mayor precisión analógica. Sin embargo, es posible introducir ruidos no deseados, por lo que es algo a tener en cuenta. Si ya tiene una excelente relación señal-ruido, no es necesariamente introducir nada que se note en los confines de nuestra profundidad de bits, y ciertamente se cuidará después de la interferencia. Al remuestrear "en la caja", podemos terminar con los artefactos que suenan en las diferentes imágenes. Es un escenario inevitable, lamentablemente, como resultado de las matemáticas. Algunos algoritmos hacen un trabajo mejor o "diferente" que otros. Al final, realmente depende de tus oídos. Aun así, es importante conocer los hechos.

8.2.8 Jitter

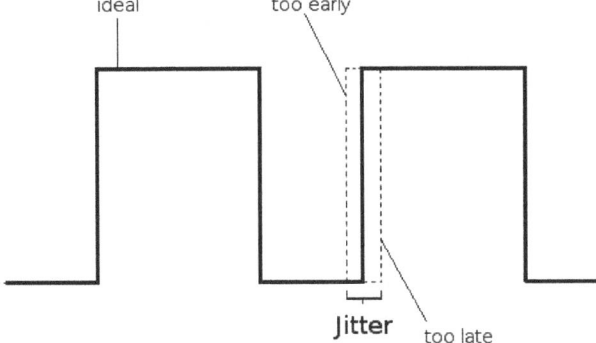

Figura 8.1. La fluctuación de fase (Jitter), es una medida de la diferencia entre el tiempo que se tarda en medir y el tiempo real de un dispositivo

Existen muchos factores los cuales pueden afectar la calidad de una pieza musical grabada en el dominio digital, pero quizás una de la más importante de estas sea el "Jitter". La definición de este se podría simplificar describiéndolo como siendo este el error que ocurre cuando los tiempos de unas muestras individuales resultan ser diferentes durante el proceso de en codificación y decodificación. Muchas veces la degradación que ocurre con el sonido es bastante notoria, pero la mayoría de veces esta resulta ser una ligera pérdida de profundidad de imagen y de exactitud en el espacio. La conversión Analógica a Digital conlleva el fragmentar el tiempo en muy cortas pero equitativas longitudes de fragmentos. El reloj determina el valor del fragmento. Algunas veces el reloj está construido dentro del convertidor analógico ha digital, pero este no tiene por qué estarlo. De hecho, los estudios profesionales no suelen utilizar los relojes internos que ofrecen los propios aparatos de los distintos fabricantes. En vez de ello, estos suelen emplear dedicados y precisos relojes externo los cuales envían señales de tic-toc a todos los aparatos digitales del estudio. La mayoría de relojes emplean osciladores de cristal para establecer los valores. Existen otros que también utilizan Rubidium.

El trabajo del reloj master no es otro que el de establecer el sample rate. Siendo los valores típicos 41.1khz, 48Khz, 96Khz y 192Khz. Originalmente se estableció 44.056Khz como primer valor en el audio, siendo este el valor nativo de video. Originado cuando Sony introdujo los primeros grabadores de audio digitales como el Sony F1/601 processor. El reloj master no trabaja sobre estos valores, sino que utiliza un valor muy alto (Rango de Mhz) el cual es dividido a valores relativamente bajos con los cuales se trabaja en el audio.

Durante una grabación digital PCM, la amplitud de cada muestra es determinada y almacenada en cada segmento de tiempo. Cuando llega el tiempo de reconstruir la señal, cada amplitud de muestra se pasa por un sistema el cual agrega los distintos voltajes que se emitirán en cada uno de los segmentos de tiempo. Si los intervalos de tiempo o las muestras no son exactamente iguales a los que fueron durante la previa captura del sonido, entonces hay una diferencia que resulta en errores de Jitter.

¿Deberíamos preguntarnos a cerca de cuál es el grado de calidad que buscamos en la precisión de un reloj cuando reproducimos lo archivos digitales provenientes de un disco óptico o de un servidor de descargas? La respuesta seria, tan preciso como esto esté a nuestro alcance de nuestro bolsillo. Los relojes internos de reproductores de referencia con DACs de alta gama construidos internamente, cumplen un buen trabajo. Estos a frecuentemente ponen a tiempo las señales de los archivos y fuentes con un propio reloj interno. El resultado es que ese Jitter es un conocido problema el cual ha sido esencialmente eliminado en un equipo de calidad razonable. Por lo tanto, si se realiza una grabación digital de calidad y se le da importancia al reproducir esta mediante un equipo de calidad, el oyente no percibirá una pérdida de transparencia o imagen.

8.3 ESCOGE UN DAW

Cuando llega la hora escoger un ordenador y una estación DAW, tanto por parte de cualquier músico o aficionado como del profesional, nos encontramos frente a las muy diversas opiniones que podemos encontrar en cualquier foro, apuntando en estos sobre lo que un particular software puede hacer y lo que los otros no pueden hacer, destacando sobre estas dichas cualidades. Pero siendo realistas en todo esto, lo que puede llegar a realizar cualquiera de los DAW más básicos de la actualidad, ya que este, supera con creces a los antiguos soportes de grabación en cuanto a términos de edición, procesamiento, automatización de mezcla o recall de cualquier proyecto. Un DAW económico como el Garageband o el Audiacity puede hacer cosas las jamás podría soñar hace dos décadas cuando me compré mi primer 4 pistas a casette en los años 90´s. Existe alguno software como el Ableton Live el cual esta quizás más diseñado para ser empleado en los directos debido a lo fácil que resulta a través de este la manipulación de loops y la grabación de estos. Algunos músicos emplean el mismo DAW en los directos y el entorno de trabajo. Quizás si lo que queremos es introducirnos en el mundo profesional, es donde no nos quedará otra que el de aprender a manipular los principales softwares de grabación y mezcla estándares en algunas áreas de la industria. Muchas veces se emplean distintos DAW específicos para las distintas áreas o fases de una producción, ya que existen algunos específicos o más apropiados para cada una de las vertientes. Una buena manera de iniciarse con un DAW es el de hacerlo mediante alguno de los softwares empleados por algún amigo nuestro. Ayudándonos este a cerca de algunas posibles dudas, así como algunos consejos más avanzados. De todas maneras, el iniciarnos con alguna de las versiones completas de los programas nos va a llevar algunos dolores de cabeza, ya que los DAW actuales nos ofrecen muchas más posibilidades de las que nosotros vamos realmente a aprender o emplear. Para empezar, podemos aprender por aquellas funcionalidades más básicas, y luego con el tiempo buscar algunas más "exóticas" cuando llegue el momento en el que creamos que necesitamos algunas de estas. Luego llega el momento de elegir si adquirir un MAC o PC, donde muchas veces esto será determinado por el DAW por el cual decidamos decantarnos. Macs son bastante caros y las actualizaciones de estos, bastante limitadas. Como ventaja, si escogemos trabajar mediante Logic Pro o Garage Band, el bajo precio de dichos softwares ofrecen una ventaja sobre el precio hardware del ordenador. De la misma manera los ordenadores Apple tienden a ser más fácil de manejar que los PC. Si lo que queremos es trabajar mediante un ordenador destinado exclusivamente para la creación de música y nos da igual que plataforma de ordenador emplear, la adquisición de un PC nos ofrecerá unas prestaciones mayores a un precio más bajo que un Mac. Independientemente que plataforma escojamos tendremos que asimilar muchas veces algunas de las frustraciones que nos ofrecen ocasionalmente el confiar en los ordenadores, pero a pesar de ello resulta impensable casi para la mayoría de los usuarios el regresar atrás y utilizar algunos de los antiguos sistemas de grabación analógica de la época.

8.4 LOS PLUGINS DE AUDIO

Figura 8.2. Plugin alliance Millennia Media TCL-2

Los plugins son piezas de código independientes que se pueden "conectar" a las DAW para mejorar su funcionalidad. En general, los plugins se encuentran en las categorías de procesamiento, análisis o síntesis de sonido de la señal de audio. Los plugins normalmente especifican una interfaz de usuario que contiene widgets de UI, pero la interfaz DAW podría enmascarar a estos. Los plugins típicos incluyen ecualización, control de rango dinámico, reverberación, retardo e instrumentos virtuales.

8.4.1 Procesamiento

Para procesar la transmisión de datos de audio, el DAW llama al plugin, pasa a un cuadro de datos de audio de entrada y recibe un cuadro de datos de audio de salida procesados. Cuando un parámetro de plugin cambia (por ejemplo, cuando mueve un control en la interfaz de usuario del plugin), el DAW notifica al plugin el nuevo valor del parámetro. Los plugins generalmente tienen su propia interfaz de usuario personalizada, pero los DAW también proporcionan una interfaz de usuario genérica para todos los plugins.

8.5 FORMATOS DE PLUGINS DE AUDIO

8.5.1 El término VST (virtual studio technology)

Se usa a menudo como un término general para cualquier tipo de plugin. De hecho, el formato VST es un formato específico diseñado por Steinberg. Para el caso general, podemos simplemente usar el término plugin de audio. Los principales tipos de plugin de audio relevantes para la mayoría de los usuarios son los siguientes: VST2, VST3, AU y AAX. Los plugins de audio normalmente se ejecutan en una estación de trabajo de audio digital (DAW), que es el software host. Hay muchos DAW en el mercado, algunos de los cuales son: Cubase, Ableton Live, Studio One, Logic, Protools, FL Studio, Garage Band, Reaper

8.5.2 VST2

Disponible para Windows y Mac

VST2 (tecnología de estudio virtual 2) es el formato de plugin de audio más utilizado y se ha utilizado durante muchos años. En Windows, es el formato estándar utilizado por los hosts, y puede estar bastante seguro que su DAW de Windows lo admitirá. El formato VST también está diseñado para Mac, aunque está un poco menos extendido. En Windows, el formato VST2 tiene la forma de un archivo.dll, y en Mac es el archivo.vst. Para obtener una lista de los DAW que admiten VST2, puedes consultar las características de los diferentes fabricantes de software. Algunos ejemplos de DAW populares que no admiten VST2 son Logic, Garage Band y Pro Tools.

8.5.3 VST3

Disponible para Windows y Mac

VST3 (tecnología de estudio virtual 3) es el formato más reciente diseñado por Steinberg. Es un formato completamente nuevo, diferente del formato VST2. Está diseñado con algunas características que son útiles especialmente para plugins con muchas funciones. A pesar de ser un formato nuevo y ligeramente más potente para VST2, este aún no está ampliamente soportado por la mayoría de los fabricantes.

8.5.4 AU (unidad de audio)

Disponible solo para Mac

AU (Audio unity) es un formato diseñado por Apple. Es más, o menos comparable al formato VST2, aunque no es compatible con él. El formato AU viene en formato de archivo. Component AU es solo para Mac y, por lo tanto, solo es compatible con el formato DAWs Logic y Garage Band de Apple.

8.5.5 AAX

Disponible en Windows y Mac

AAX (Avid audio extension) es el nuevo formato para usar en Pro Tools. Pro Tools es un host muy bien establecido utilizado en toda la industria de producción, mezcla y masterización de música. Este tipo de formato es exclusivo de Pro Tools, pero aún vale la pena mencionarlo debido a la prevalencia de Pro Tools en esas áreas de la producción de audio.

8.5.6 TDM (Time-division Multiplexing) – Avid Technology

TDM es un formato para los plugins de Pro Tools que se instalan en hardware externo, como los procesadores DSP dedicados para una precisión y calidad ultra altas. Los plugins de TDM generalmente se instalan en estudios grandes y de alta calidad equipados con procesadores dedicados, en lugar de tener todo el procesamiento realizado por la CPU del ordenador. Los TDM están diseñados específicamente para aprovechar las características y recursos de los sistemas Pro Tools HD. Los sistemas HD combinan la versión de gama alta y completa del software Pro Tools con hardware externo especializado en forma de tarjetas DSP. Uno de los principales inconvenientes de los plug-ins TDM es su precio. Además del coste de los plugins, también tendrás que invertir en un sistema adecuado equipado con DSP. Tradicionalmente, se aconsejaba a los ingenieros de grabación y productores de música que se pasaran a TDM solo si podían pagarlo. De lo contrario, los plugins RTAS ofrecían una alternativa más que viable.

8.5.7 RTAS (Real Time AudioSuite) – Avid Technology

Real-Time AudioSuite (RTAS) es un formato de plugins de audio desarrollado por Digidesign, actualmente Avid Technology para sus sistemas Pro Tools LE y Pro Tools M-Powered, aunque pueden ejecutarse en los sistemas Pro Tools HD y Pro Tools TDM. La arquitectura de este formato está diseñada para funcionar en tiempo real, imitando la forma del hardware en el mezclador tradicional. Los plugins RTAS utilizan la potencia de procesamiento del ordenador en lugar de las tarjetas DSP utilizadas en los sistemas Pro Tools HD y el formato TDM. El 7 de abril de 2013, Avid anunció Pro Tools 11. A partir de esta versión, Avid ha hecho del complemento AAX el único formato compatible con Pro Tools. En el lanzamiento, muchos desarrolladores de plugins de terceros aún no han adaptado su software al nuevo formato AAX, por lo que Avid vendió Pro Tools 11 con una licencia 11 y 10, lo que permitió los usuarios ejecutar Pro Tools 10.3.8, que es la última versión que soporta RTAS.

8.5.8 Standalone

Algunos desarrolladores también ofrecen una versión independiente de sus productos. Como su nombre indica, esto no es realmente un plugin. Es solo una versión del plugin de audio que puede iniciarse como lo haría con una aplicación de escritorio normal. No requiere un DAW para funcionar. Esta es una forma conveniente para que los usuarios utilicen el plugin y, a veces, es útil para actuaciones en vivo.

8.5.9 Plugins de 32 bits frente a plugins de 64 bits

32 bits o 64 bits son tipos de arquitectura del ordenador, siendo 64 bits mucho más común en los ordenadores modernos (el ancho de direccionamiento más amplio de las arquitecturas de 64 bits es generalmente ventajoso en la informática moderna). Cuando un plugin se describe como uno de estos, simplemente significa que está construido para esa arquitectura en particular. Las complicaciones provienen del hecho que algunos DAW que se ejecutan en sistemas de 64 bits pueden alojar plugins de 32 y 64 bits. Este no es siempre el caso y, por lo tanto, es importante asegurarse de tener un host que sea capaz de alojar el plugin, de lo contrario no funcionará. Encontrar la arquitectura de tu DAW y sistema operativo se encuentra de diferentes maneras, pero una búsqueda rápida en Google te podrá indicar el lugar correcto para buscar.

9

ALGUNOS DE LOS ERRORES TÍPICOS EN LAS MEZCLAS

Es muy común encontrar en muchas de las mezclas algunos errores comunes que se pueden encontrar en algunos discos mezclados por "amateurs" en el oficio. Existen evidentemente muchos más aspectos y detalles los cuales pueden ser abordados a cerca de la mezcla, pero sin llegar a profundizar en todos ello, voy a comentar acerca de los cuales se suele caer con mayor frecuencia.

9.1 TIEMPO

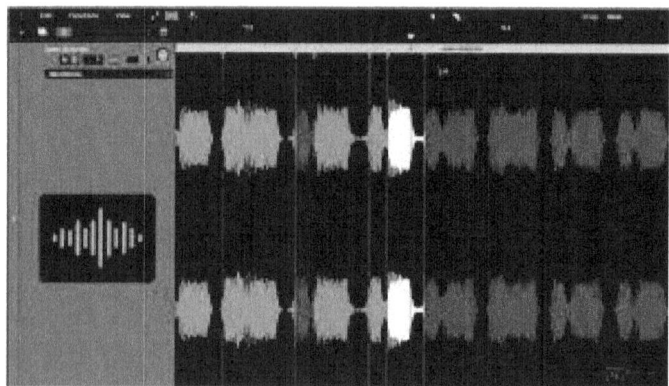

Este es en el que más se suele errar en las mezclas caseras, la gente hoy en día se ha acostumbrado a un método muy poco natural en la forma de ajustar el tiempo de una canción. El autocorregir los errores de tiempo mediante plugins o herramientas las cuales nos contabilizan los beats en la barra del secuenciador de manera automática, no suelen funcionar de manera natural en instrumentos de ejecución humana. La forma de onda suele ser una mejor guía visual para fines de edición de tiempo.

9.2 AFINACIÓN

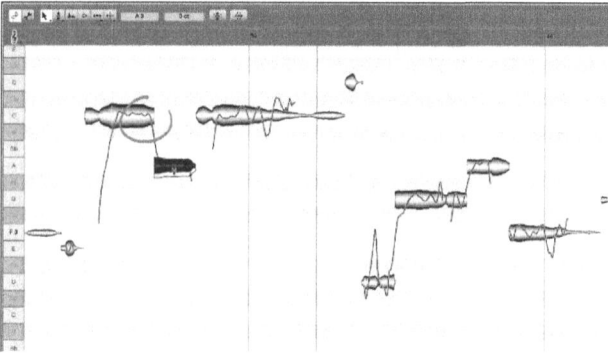

De la misma manera que ocurre con los softwares de edición automática de tiempo, si empleamos estos también con la afinación, muy dudosamente ello va a corregir de manera natural los defectos de afinación de los instrumentos o voz.

Hay que evitar confiar en el sentido visual ante el auditivo. A pesar que el software nos esté posicionando con exactitud el posicionamiento de la nota o tono. Es muy recomendable una vez creamos que hemos dada por terminada la edición en la afinación, el escuchar desde atrás todo el resto de canción, para comprobar de esta manera que tal ha quedado esta con el resto de la letra anterior o posterior a los fragmentos de edición.

9.3   DESALINEACIÓN DE FASE

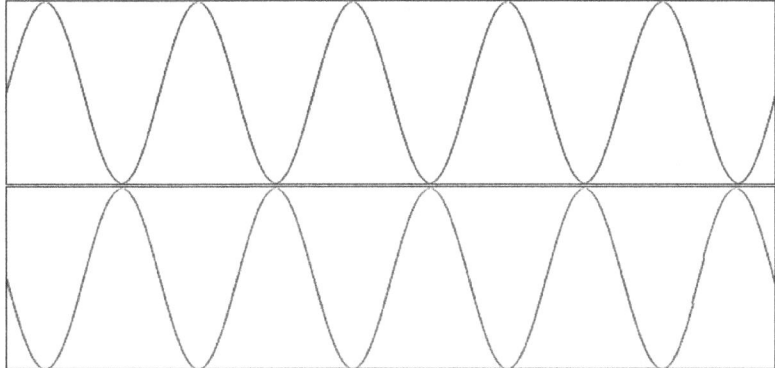

Si se han empleado más de un micrófono para una grabación de una misma fuente sonora, es muy probable de caer en el peligro que, debido a las distancias entre estos, obtengamos un sonido con "comb filter" al combinar estos en la mezcla. De la misma manera puede ocurrir al combinar una misma señal captada por un micrófono y una caja de inyección directa (D.I). También podría ocurrir al enviar señales a efectos mono o al hacer saltar samplers de triggers y combinar estos con el resto del sonido de directo. Si no hacemos hincapié y revisamos ello, podemos caer en un sonido "hueco" y sin cuerpo. También este no resultará del todo compatible cuando se reproduzca en sistemas mono. No hay necesidad de caer en dicho error, ya que en la actualidad se disponen de muchas herramientas para poder corregir los problemas de fase como el uso de delays, "All pass filters" o mediante el uso de inversión de polaridad son solo algunas de las herramientas existentes en la actualidad.

Mediante el switch de mono de cualquier mezclador o de nuestro DAW, podemos de manera muy sencilla comprobar los posibles errores de fase de nuestra mezcla stereo.

9.4 JUICIOS ERRÓNEOS EN LA TONALIDAD GLOBAL DE LA MEZCLA

Como podemos comprobar mediante cualquier lista de reproducción aleatoria de diversas canciones musicales que escuchemos, podemos perfectamente comprobar el hecho que ninguna de ellas posee el mismo punto de equilibrio o relación entre todas las bandas de frecuencias. Ya que no existe una estandarización en la cantidad de graves, medios o agudos en ninguna canción comercial que se precie. Es por ello que resulta de gran ayuda el comparar nuestra mezcla con otra comercial ya masterizada, incluso antes de enviar nuestras mezclas a el ingeniero de mastering para que este nos corrija los posibles errores tonales de la mezcla. Evitando de esta manera que este no nos realice un trabajo de ecualización demasiado "quirúrgico" y "drástico", el cual afecte al global de todos los demás instrumentos que hemos estado posicionando y equilibrando minuciosamente en el trabajo de nuestra mezcla. Muchos de los problemas tonales en la actualidad vienen dados por un pobre sistema de monitorización, así como una escucha poco entrenada, la cual se adapta con facilidad al sonido reproducido por casi cualquier acústica o sistema de escucha.

Disponemos de muchos recursos para poder solventar muchas de estas deficiencias que se cometen en la actualidad:

▶ Importa diversos temas comerciales en una sesión nueva de tu sistema DAW para conmutar entre nuestra mezcla y las canciones comerciales, igualando estas en volumen mediante el uso de los faders del mezclador.

▶ Cambia de niveles al realizar las comparaciones, no realices las comparaciones tan solo a un nivel de escucha, comprobando así como se comportan determinado rango de frecuencias cuando se excitan o atenúan.

▼ Realiza los planos de comparación en diversos sistemas de reproducción. De esta manera podremos obtener un punto pragmático en la reproducción. Ya que no nos vale el hecho que la mezcla suene bien en nuestros monitores de estudio, ya que nadie va a escuchar la música en un idéntico sistema de altavoces y condiciones acústicas similares a las nuestras.

▼ Inserta cualquier plugin de análisis frecuencial en el bus master para poder una información "extra" de lo que está ocurriendo en el espectro de frecuencias.

▼ Si nos encontramos con situaciones en las cuales tenemos que aplicar más de 3 o 4 db de ganancia por banda o tenemos que usar factores Q muy estrechos, es muy probable que tengamos que dirigirnos y actuar mediante ecualización en algún canal el cual nos está originando problemas, en la globalidad de la ecualización de la mezcla.

9.5 NO TENER UNA DECISIÓN DECIDIDA EN CUANTO A LA DIRECCIÓN DE LA MEZCLA

Es sumamente importante saber reconocer los elementos más importantes de una mezcla, así como el papel de las partes vocales a lo largo de toda la estructuración de una canción. Tan solo hay una vez para poder escuchar un tema por primera vez y con una escucha fresca, objetiva. Por lo tanto, sino sabemos detectar los elementos básicos e importantes, así como los no tan importantes, difícilmente vamos a poder dirigir correctamente la dirección de una mezcla.

9.6 PENSAR EN CANTIDAD NO EN CALIDAD

Algunos de errores más comunes en mezclas es el de pensar en cuanta cantidad de ecualización aplicamos para obtener un buen nivel de graves en vez de pensar en cómo lo hacemos para conseguir que las frecuencias graves funcionen correctamente en la mezcla. Por lo tanto, si tenemos un determinado problema con algún rango de frecuencias, nuestro enfoque debería de ser el de cómo hacer que estas funcionen respecto a las demás y caer en pensar en cuanta cantidad debemos de aplicar. La cantidad importa cuando pensamos en la relación entre los demás instrumentos, siendo esta más bien cualitativa.

9.7 NO SE DEDICA SUFICIENTE TIEMPO A CONSTRUIR EL AMBIENTE

El sonido de ambiente es la suma acústica de todos los elementos que intervienen en una mezcla. Ya sea mediante capturas grabadas en el estudio o habitación de manera natural, reverberaciones digitales/ artificiales. Estas juegan un papel fundamental, ya que tienen una gran influencia en la suma global del sonido, así como en la calidad emocional de la mezcla. Mediante la Reverberación y Delay podemos reforzar la tonalidad de la mezcla, modificando el sonido de este si lo que queremos es un sonido más "apretado" o espacioso en esta. Aplicar el grado óptimo de estos, es siempre la clave en los resultados. No hay que olvidar el que, si dejamos algunos sonidos secos sin procesar, estos también pueden ser igual de poderosos y creativos.

9.8 CONFIAR DEMASIADO EN LOS EFECTOS

El proceso de mezcla es un sutil juego de relaciones entre elementos. Un típico error en el ingeniero de mezcla amateur, es el de procesar todas las pistas y buscar así esa mezcla "especial". Cargando y saturando las pistas mediante ecualizadores, compresores o el uso de efectos. El ingeniero experimentado, por lo contrario, intenta el aplicar el menor grado de procesamiento de las señales, manteniéndose de esta manera lo más fiel al sonido de la grabación original. A no ser que este esté buscando un tipo de decisión más creativa a esta.

9.9 SONIDOS Y BALANCEAMIENTOS NO NATURALES

Habiendo discutido la importancia de la precisión en una grabación, ¿se debe admitir que la mayoría de la música pop y rock no tiene que ver con la precisión general? Se trata de lograr un sonido que sea estilística y artísticamente apropiado. Un buen ejemplo de esto es el sonido de un tambor de rock moderno. Los sonidos grabados del bombo, caja y toms son muy diferentes a cómo se escuchan naturalmente desde una posición de escucha normal. Las técnicas de microfonía y producción se explotan para hacer que esos sonidos sean más grandes que los propios reales, para obtener así un sonido "gordo "y en tu cara. Son necesariamente precisos, pero sin duda son estilísticos y artísticamente deseables. En la vida real, la mayoría de los cantantes no serían escuchados por encima de las baterías, la guitarra y los amplificadores de bajo de una banda de rock típica. Los equipos de grabación le permiten al ingeniero crear un equilibrio natural que se escuche con claridad. La forma en que los sonidos funcionan como una grabación. El equilibrio y la mezcla de sonidos y efectos que estamos acostumbrados a escuchar en la música pop tiene poco que ver con el equilibrio natural, pero todo va relacionado con el estilo. La "precisión" en la música pop implica capturar el material de origen real de una manera que permita la construcción de sonidos estilísticamente apropiados. Si no estás familiarizado con el sonido natural de los instrumentos que se están grabando, o con los objetivos estilísticos del tipo de proyecto.

¿Cómo puedes grabar las pistas apropiadas y crear una buena combinación de ellas? es importante escuchar, escuchar y escuchar las grabaciones de estilos respetados en la industria, ya que algún día quizás nos toque trabajar con alguno de los diferentes estilos musicales que existen y si no sabemos cuáles son los elementos a destacar en cada uno de ellos, muy difícilmente vamos a poder ofrecer lo que se necesita a la hora de mezclar.

9.10   EXCESO DE CONFIANZA DE CONVENCIÓN

Muchas veces terminamos en la trampa de caer en las generalizaciones o convenciones. Pero contrariamente esto no es lo que los artistas o productores vanguardistas desean en sus trabajos. Si tenemos a un cliente inexperto el cual quiere lo predecible, esto no significa que todos los demás quieran esto. La mayoría de veces es nuestro enfoque, criterio y creatividad lo que va a hacernos destacar del resto de ingenieros. Si trabajamos como autómatas "mercenarios", es muy probable que nuestro trabajo pueda ser realizado por cualquier otro profesional, el cual sepa conseguir unos resultados esperados y genéricos. Pero si conseguimos lograr contribuir con un sonido, genuino, fresco e innovador, es muy probable que ello nos haga destacar por encima del resto de los profesionales. Lo cual nos llevará a ser aclamados por los artistas o productores, así como también el que repitamos trabajar con muchos de estos.

9.11   NO RESPETAR LA CONVENCIÓN

De la misma manera existen una gran cantidad de convenciones por una determinada razón. Esto puede ser por ejemplo lo que rodea a un determinado estilo musical o movimiento cultural el cual rodea a este.

El hecho de no saber las expectativas de determinados estilos musicales esperados por el oyente, resulta algo irrespetuoso por nuestra parte. Muchas veces hemos escuchado que tan solo se necesita saber cómo mezclar. Pero esto es realmente algo falso. Si no sabemos mezclar determinados estilos musicales, raramente vamos a salir "airosos" con nuestra mezcla. El sonido de un género es algo lo cual está arraigado a la historia y la cultura de ese determinado género musical. Por lo tanto, si queremos huir de la convención en determinados géneros musicales, tenemos que hacerlo siendo conscientes de cómo esto afectará al oyente final.

9.12   MEZCLA SUCIA Y CONFUSA

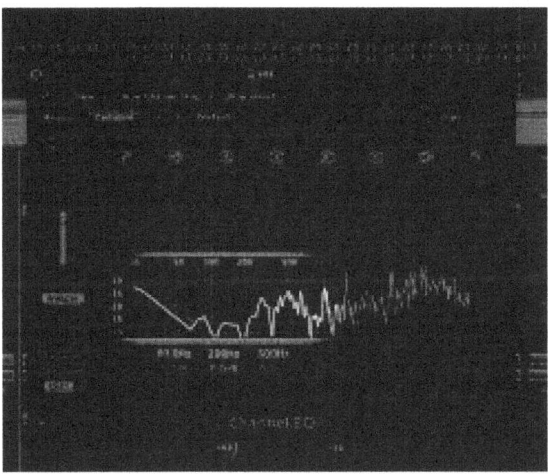

Las frecuencias graves de una mezcla, suelen ser las partes más conflictivas de esta, ya que prácticamente cualquier pista posee algún tipo de información en este rango de frecuencia. Bien por un mal posicionamiento de los micrófonos unidireccionales respecto a la fuente sonora, provocando ello el indeseado efecto de proximidad. También incluso cuando empleamos sonidos sintéticos de samplers o loops, estos suelen contener muchas veces un exceso de información no necesaria en la parte de las frecuencias graves. Mediante el uso de algunos trucos podemos solventar parte de estos problemas:

▸ Aplica el filtro pasa altos a cualquier instrumento el cual no requiera de frecuencias graves. Esto nos evitará el introducir posibles ruidos de fondo, o de octava baja lo cual puede interferir y afectar con el resto de frecuencias graves de otros elementos importantes en la mezcla.

9.13   VOCES SILBANTES

Es muy común y especialmente en la era del sonido digital en la que desde hace algunas décadas estamos plenamente sumergidos, el encontrar un exceso de silbido introducidas en el sonido de las grabaciones vocales. Hay veces que el empleo de una simple ecualización estática no es suficiente para poder reducir el exceso de seseo introducido en una grabación. Esto muchas veces es debido al no haber empleado un modelo correcto de micrófono/preamplificador durante el proceso de grabación o una técnica microfónica con la cual se hubiera podido minimizar dicho exceso. De la misma manera la suma de muchos plugins o el aplicar demasiada ecualización o compresión digital, también son factores los cuales pueden provocar dicho problema en las pistas de las voces. Debemos prestar especial atención en el rango de 2-5Khz donde se producen la mayoría de los excesos de silbidos en las voces. Mediante el uso de De-essers podemos corregir en cierto grado algunos de los problemas. Existen varios modelos los cuales nos permiten escuchar frecuencias concretas y poder deducir y corregir por lo tanto aquellas que resultan problemáticas.

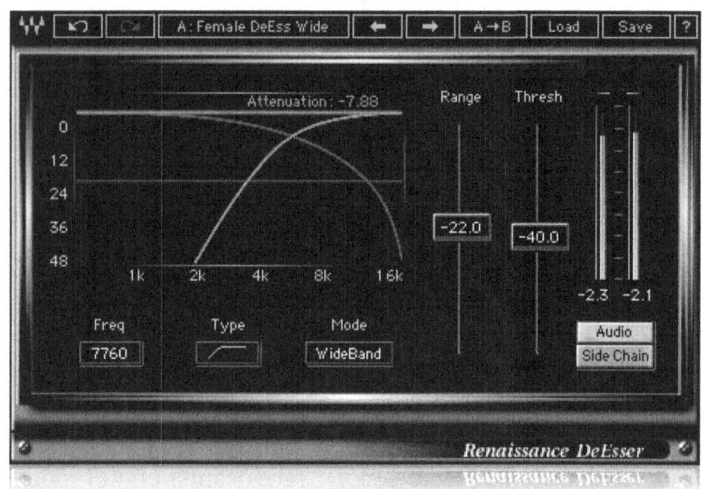

9.14 MEZCLAS "DELGADAS"

Muchas de las mezclas delgadas ocurren debido a unos arreglos pobres, pero otras veces también es debido a un uso pobre de ecualización. En la mayoría de los casos suelen ser dos los factores más comunes lo que suelen ocurrir. Uno es el que las mezclas no suelen tener demasiados graves al ser reproducidas estas por unos altavoces de grandes dimensiones ya que quizás la mezcla de por si carezca de dichas frecuencias o que los graves no suenan definidos y apretados para que estos suenen de manera compacta y con pegada. Otra de los problemas surge en los arreglos, ya que nos podemos encontrar con mezclas en donde a pesar de existir un bajo bondadoso y una melodía, en toda la canción existe mucho espacio y dispersión frecuencial entre los elementos que intervienen en esta. Esto suele ser otro motivo por el cual una mezcla pueda llegar a sonar delgada.

"Cuidado con los HPF! Estos pueden ser tu mejor amigo, pero también pueden ser el peor."

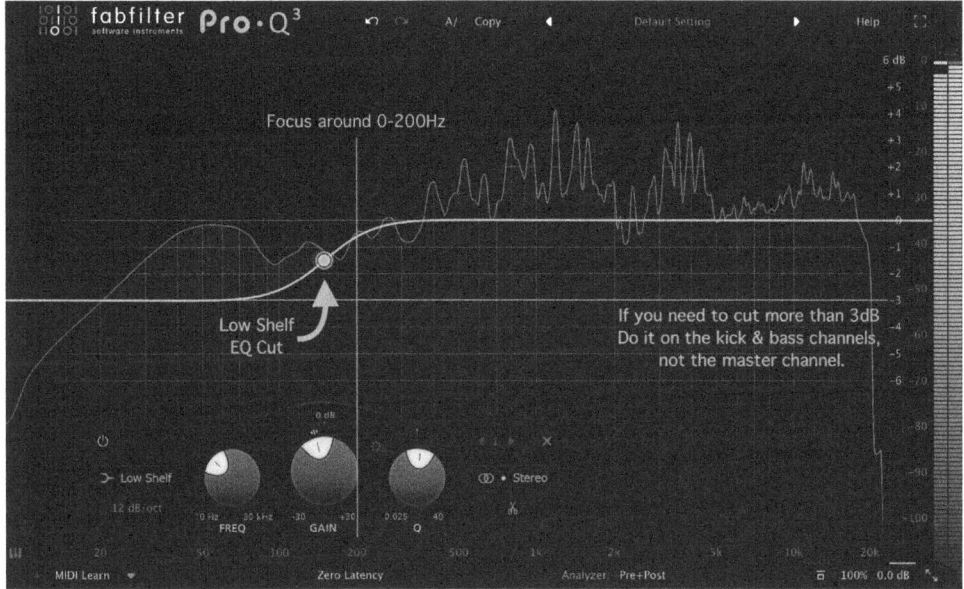

Recuerdo en mis primeros trabajos de mezcla en los cuales solía ecualizar casi todos los instrumentos que participaban a lo largo de una canción. Tenía la "manía" por decirlo de alguna manera de querer procesar todos los instrumentos y de aplicar a estos un HPF (filtro pasa altos). Esto originaba a que, al terminar las mezclas, estas no poseían todo el cuerpo y los graves para que el sonido global tuviera peso y grosor. Ya que se tiende a tener una especie de obsesión por querer aplicar un filtro pasa altos a casi todos los elementos en los cuales creemos que no necesitamos las partes de las bajas frecuencias en estos. Esto tiene sentido cuando tenemos un bombo de batería y un bajo. Si queremos obtener la parte subsónica del bombo (20/30hz) y la resaltar la parte de los graves del bajo (50hz-200hz), tiene todo el sentido el aplicar un HP al bombo hasta 50hz limpiando de esta manera la parte subsónica para que esta no entre en conflicto con la del bombo de la batería. De esta manera recortaremos la parte de graves no necesaria en según qué instrumentos. De esta manera se puede llegar a la simple conclusión que, si realmente no necesitamos dicha parte de frecuencias, simplemente las eliminamos. El problema ocurre cuando comenzamos a aplicar filtros pasa altos casi como por defecto y de una manera algo agresiva a todos los instrumentos. Aquí es donde nuestra mezcla va a comenzar a perder calidez y a sonar delgada. En el caso de las voces, tiene todo el sentido el de remover toda la parte de las bajas frecuencias para obtener algo más de espacio y limpieza entre esta y el resto de la mezcla. Pero quizás tengamos el caso de una guitarra acústica principal, donde sí que queremos conservar más parte de las bajas frecuencias. Entonces tendríamos que pensar en aplicar un filtro pasa altos tan solo en todos aquellos instrumentos donde nos pueda suponer un problema el dejar parte de los graves y el no hacerlo en aquellos donde quizás estemos restando parte de la riqueza necesaria en la definición del instrumento.

9.15 ARREGLOS NO ADECUADOS

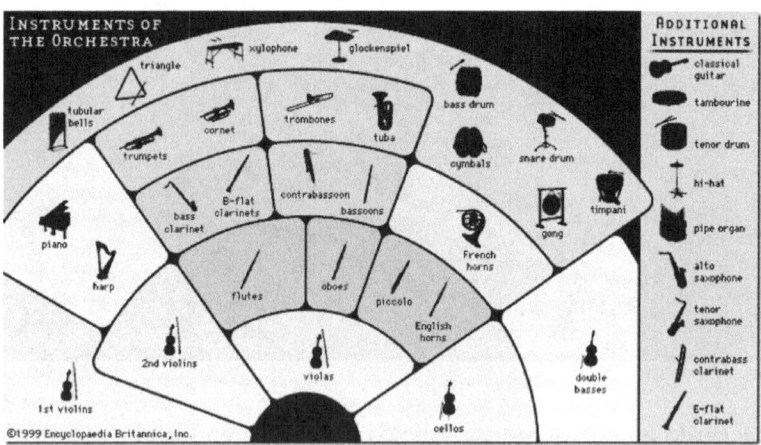

La elección de los arreglos es sumamente importante para crear una cohesión en el sonido global de la mezcla. Ya que cuando se escribe la composición de una pieza musical, también se está definiendo ya de base como va a sonar la parte de los graves en relación con la parte rítmica y melódica. Ya que, si no hay partes graves en esta, vamos a obtener como resultado una mezcla delgada. Como me refería en alguna otra ocasión, cuando se está produciendo y eligiendo la instrumentación, se está en cierto modo también, mezclando. Ya que se están escogiendo los sonidos que van a participar en la franja frecuencial del espectro. Por lo que existen una serie de razones por las cuales algunos sonidos pueden no funcionar bien conjuntamente. Siendo los problemas de tiempo y notas donde más conflicto suele haber. De poco sirve el que un instrumento este realizando una escala increíble si este está descendiendo y hay otro el cual este ascendiendo. La cual cosa puede crear conflicto o una mal interpretación/ejecución por parte de alguno de estos. Es la suma de ambos instrumentos y cómo funcionan entre si lo que va a determinar cómo suena un arreglo. Podemos abrir un elemento y sonar fantástico, podemos abrir otro y también sonar increíble. Pero abrimos los dos a la vez y estos no trabajan cohesivamente. Lo típico que hacemos en mezcla es ecualizar, comprimir o añadir un efecto a ver si podemos disimular o integrar este en el contexto de la mezcla. La clave de todo ello es el de encontrar melodías principales y líneas de apoyo para dar soporte. Si nos encontramos con arreglos donde no se está ayudando a la línea de la melodía, muy dudosamente van a funcionar estos a lo largo del tema o canción. Tampoco tendría sentido el de incorporar un bajo y que este toque octavas altas, esto originaria el que obtengamos nuevamente un sonido delgado en la mezcla. Por supuesto que todo depende, pero hay que pensar siempre en el tipo de arreglos seleccionados para la pieza musical.

9.16 PLATILLOS Y CHARLESS RUIDOSOS CON EXCESIVO VOLUMEN

Hay que pensar que por cada micrófono que abramos en una de las pistas de una batería, vamos a encontrar el sonido de los platillos introducido prácticamente en cada uno de los canales en mezcla. Por lo tanto, hay que tener sumamente cuidado cuando vayamos a balancear/integrar el sonido de estos. Ya que si el batería durante la grabación, no tuvo en suficiente control de dinámica durante la ejecución (sobre todo el del Charless), no vamos a encontrar con un sonido de platos y Charless introducido de manera algo agresiva y el cual va a resultar bastante costoso el poder suavizar este de manera natural una vez ya en fase de la mezcla. Existen varios recursos para poder tratar de corregir dicho problema. Una técnica consiste emplear un De-essers y no un EQ para las zonas medias altas del espectro para hacerlas menos pronunciadas, Debido a que un De-essers es solo un compresor dependiente de la frecuencia, este se puede configurar en un rango de frecuencia molesto que está dominando a las frecuencias medias altas para suavizar esa área en lugar de recurrir a EQ. Esto podría ser más beneficioso cuando no quieres cortar las frecuencias, sino domarlas cuando son demasiado altas. También podemos tratar esto empleando un compresor multibanda para dominar las frecuencias medias-altas causantes de un problema. Estas son algunos ejemplos de cómo puede usar varias formas diferentes para manejar los posibles problemas de grabación con los platillos o Charless. De esta manera, no se necesita manejar todo mediante el uso de EQ. A menudo puede usar el procesamiento dinámico para controlar las frecuencias innecesarias que no desea. De hecho, cuando se trata de baterías, el procesamiento dinámico como la compresión multibanda puede ser una mejor solución que simplemente eliminar cosas mediante el uso de EQ. Así que piensa en eso la próxima vez que estés mezclando la batería. En lugar de recurrir al EQ, intenta experimentar con los compresores, diseñadores de transitorios, procesadores, así como las puertas de ruido, y poder resolver de esta manera algunos de los problemas que de grabación que podemos encontrarnos a la hora de la mezcla.

9.17 NO EMPLEAR ADECUADAMENTE LA AUTOMATIZACIÓN

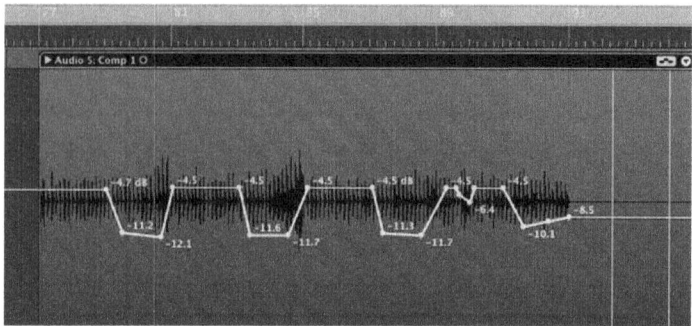

La automatización ha sido quizás una de las mayores aportaciones de los actuales sistemas DAW al mundo de la mezcla. Pudiendo equilibrar y ajustar todas aquellas variaciones de volúmenes y dinámica presentes en los pasajes de una grabación.

Muchas veces nos preguntamos porque nuestras mezclas no suenan similares a las comerciales. La respuesta está en el tiempo e importancia que se ha empleado en los ajustes de automatización tanto de pistas vocales como instrumentales.

9.18 EVITA PRESETS DE MEZCLA

Estamos acostumbrados a un gran número de presets en la mayoría de plugins de ecualización, compresión etc. Pero aún a día de hoy es complicado el que estos sepan adaptarse a nuestra mezcla, ya que estos fueron programados desde unas diferentes circunstancias a la nuestras. De la misma manera que cuando un músico trabaja con un sintetizador y busca el programar uno propio y genuino mediante la síntesis del sonido. Debemos de acostumbrarnos auditivamente a disponer de una escucha crítica para saber adaptarnos ante cualquier situación o sonido. Muy dudosamente cualquier preset de plugin llamado "magic guitar" pueda ofrecernos un sonido mejor al que podamos bajo nuestro propio criterio buscar y conseguir mediante el amplio número de herramientas con el que contamos en la actualidad como recurso.

9.19   UNA REVERBERACIÓN INADECUADA

La reverberación puede hacer muchas cosas en una mezcla. Cambios de timbre, empastar sonidos, simular distintos entornos acústicos o alargar las notas entre otras muchas cosas. Uno de los defectos en muchas mezclas caseras o realizadas por aficionados es el de o bien incluir demasiadas cantidades de esta o por lo contrario el de quedarse cortos en el uso de esta. Hay que intentar buscar y saber el uso y la cantidad correcta la cual vaya a beneficiar a nuestras mezclas, escogiendo la proporción adecuada en cada situación.

9.20   MEZCLAR SIN CAMBIAR DE PERSPECTIVA DE LA ESCUCHA

Como todo Arte, la mezcla puede desgastarnos mucho, tanto a nivel físico como mentalmente. Muchas veces, resulta desalentador mirar las formas de onda en bruto las cuales esperan ser formadas, así como 80 o 100 canales de pistas las cuales esperan ser mezcladas todas ellas audiblemente. Intentamos el abrir camino durante largas horas bebiendo café y comida rápida como combustible, y resulta muy fácil el perder la pista de dónde o cuándo está el final exactamente. Además de eso, cuando llegas al punto de necesitar envolver las cosas, casi siempre coincide perfectamente con el momento en que perdiste toda la perspectiva. Cuando ya no puedes escuchar las diferencias sutiles y realmente necesitas otro par de oídos, es más probable que tomes decisiones difíciles en la dirección equivocada y puedas arruinar el trabajo duro que has realizado. Afortunadamente, hay algunas formas de superar el dolor. Al mantener la perspectiva, trabajar metódicamente, ser inteligente con los descansos y seguir avanzando, podrá llegar al final con algo de lo que pueda sentirse orgulloso manteniendo la cordura y audición de manera intacta. Algunos consejos a tener en cuenta pueden ser:

1. Una mezcla es una serie de rompecabezas de lógica, por lo que el enfoque es metódico. En muchos casos, una acción afectará a otra cosa en tu mezcla. Escucha los cambios sutiles con cuidado para comprender cómo influyen en otras pistas. Trata de alternar entre la mezcla objetiva y la creativa, usando ambos lados de tu cerebro para resolver los rompecabezas de la mezcla.

2. El botón "solo" es tu enemigo. Cuando escuchas una pista en solitario, no tienes la impresión de cómo se encuentra en la mezcla. Está bien hacer un solo de un instrumento para ver si hay un punto problemático en la interpretación o en cómo lo has procesado o si existe algún tipo de ruido, pero luego deberías sacarlo del solo y escucharlo en el contexto de la mezcla completa. Una mejor opción es subir el fader para esa pista de la mezcla en particular, para escuchar si hay algún problema. Quizás ello no nos da un sentido perfecto del contexto, pero es mejor que ajustar este en "solo" y escuchar la pista por sí misma.

3. Escucha la mezcla en diferentes altavoces y en diferentes entornos, especialmente en los entornos donde normalmente escuchas música. Si tienes alguna pregunta sobre cómo un determinado instrumento puede estar sentado en la mezcla, tendrás mejor información si sabes que tus altavoces no te están engañando. Además, es probable que tu cliente realice la "prueba de automóvil" o la "prueba de auriculares", escuchando la mezcla en la mayor cantidad de entornos posible. Todos esos puntos de escucha del mundo real están muy alejados de una sala de mezcla tratada y acústicamente perfecta.

4. Ten un conjunto de canciones para hacer referencia con las que estés familiarizado. Crea una lista de reproducción de pistas que conoces íntimamente. Escucha cómo se sientan las voces en la mezcla, cómo las reverberaciones y los retardos suenan en el contexto de los instrumentos, dónde están los tambores en relación con los bajos y las guitarras, qué tan apretados o flojos están los bajos, etc. Comparar tu mezcla con material familiar puede brindarte un punto de referencia para todo lo que está haciendo. Pedirle al cliente que sugiera mezclas de referencias que admiren también puede ayudar.

5. Apaga la pantalla del ordenador para solo escuchar la mezcla, en algún punto o varios puntos durante la sesión de mezcla. Te sorprenderá de lo

que puede escuchar cuando elimina el componente visual de su trabajo. La música está hecha para ser escuchada, no vista, así que realmente dale la oportunidad de meterte en tus oídos.

6. Cuando termines la mezcla, guárdala por la noche y escúchala nuevamente cuando llegues al estudio al día siguiente. Esto te ofrecerá la perspectiva más reciente que puedas tener y te brindará un descanso psicológico y físico antes de enviar la mezcla al cliente.

Si puedes superar el proceso teniendo en cuenta estos consejos, saldrás por el otro lado, entusiasmado con su trabajo, en lugar de sentirte abatido por ello. Cuando te sientas bien con lo que estás logrando, podrás aprender y crecer a partir de la experiencia, luego cada vez las cosas se ponen un poco mejor. Además, te sentirás mucho más seguro cuando compartas esa carpeta de Dropbox de tus mezclas con el resto de la banda o tu cliente. Por lo tanto, trátate bien, respeta el oficio, y tu trabajo se elevará.

9.21 DUREZA/ASPEREZA

El audio digital tiene la reputación de ser frío y algo frágil. Pero muchas veces esto es debido a una pobre técnica empleada en la ingeniería. El factor más común que contribuye un sonido fatigante de mezcla suele ser el aplicar indiscriminadamente demasiada suma de ecualización en las frecuencias medias agudas y agudas de las pistas. Un caso típico y en el que se suele caer bastantes veces es que después de una larga jornada mezclando expuestos a altos niveles de SPL, nuestros oídos progresivamente comienzan comprimir sobre la sensibilidad en las altas frecuencias. Sintiendo "hambre" por la pérdida de dichas frecuencias las cuales se perdieron por el efecto auditivo de compresión sobre dicho rango. Para compensar esto, solemos incrementar los medios agudos y agudos para volver a obtener el detalle y presencia debido a que nuestro fatigado oído no puede ya escuchar con claridad y poder distinguir estas de forma correcta. Es muy probable que a la mañana siguiente volvamos a escuchar la mezcla del día anterior, y esta nos suene como aguda y estridente como alfileres. Por defecto en vez de recortar dicho exceso de frecuencias, lo que se suele hacer es intentar compensar esto, incrementando energía en la parte de las frecuencias graves. Como resultado ahora tenemos problemas de fase también de picos alternativamente a lo largo de todo el espectro, teniendo como resultado un sonido enmudecido y solapado en frecuencias, así como un menor Headroom. La solución es el de mezclar a niveles de SPL bajos y reducir todas aquellas frecuencias molestas en vez incrementar a otras para intentar compensar esto. Por ejemplo, es mejor reducir las frecuencias graves que el incrementar las medias cuando lo que se busca una mezcla con mayor presencia. Como me refería en anterioridad y como norma general, el emplear la ecualización sustractiva siempre hará sonar mejor las cosas que el de hacerlo de manera aditiva. Algunos otros factores que contribuyen a un sonido áspero es el de tener en los arreglos, demasiados instrumentos con sonido de medios, así como el mezclar estos con un plano de mezcla demasiado presente respecto a los demás instrumentos. Hay que saber cuándo reducir un sonido brillante de un sonido de pad de un órgano. De la misma manera el saber si realmente vamos a necesitar 14 pistas de guitarra. Considera el silenciar cualquier pista la cual no sea relevante o esencial y la cual provoca más fatiga auditiva en la mezcla. En la mayoría de casos y como me he referido ya anteriormente, el problema de la mezcla reside en los arreglos, y ninguna cantidad de ecualización va a poder ayudar demasiado en que podamos reparar este problema ya de base.

9.22 DETALLES ENTERRADOS Y NO PRESENTES

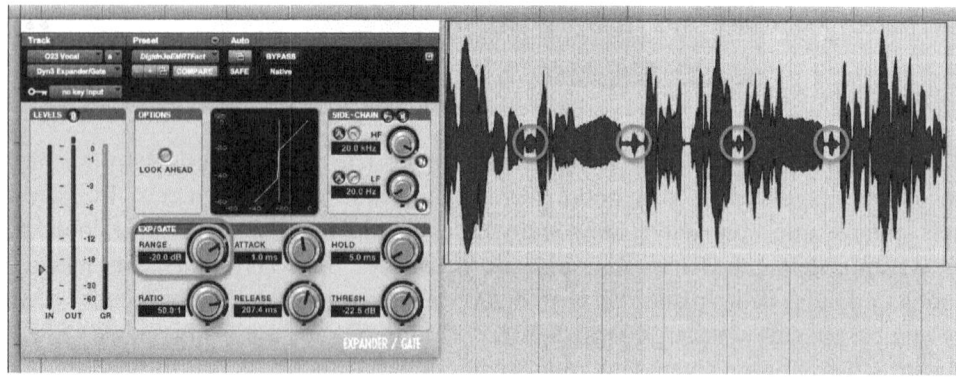

Incluso en las partes en las cuales una mezcla está libre de toda turbidez, así como los efectos de envío son los apropiados, lo músicos al ejecutar, estos exponen sus pasajes de la mejor manera posible, ya que estos no exponen al oyente los aspectos ms atractivos dirigiéndose al oyente de forma activa. Quizás nos encontremos con líneas de bajo monótonas o aburridas, pero esto no significa que quizás en alguna parte no demasiado interesante de la canción o pasaje podemos subir y hacer resaltar algún fragmento de este. Quizás sea en las voces donde más podamos destacar el resaltar dichos detalles los cuales pueden estar algo ocultos en mezcla. Resulta asombroso lo que se puede llegar a hacer resaltando todos aquellos elementos los cuales pese a permanecer tímidos u ocultos, estos pueden contribuir de manera muy beneficiosa e interesante a lo largo de una canción.

9.23   DÉBIL COMPENSACIÓN DEL BALANCE

Muchas veces el timbre de algunos elementos específicos de una mezcla resulta un objetivo en movimiento. Un bajo eléctrico o una guitarra acústica pueden sonar huecos o resonantes en algunos fragmentos de un pasaje sonoro, pero estos pueden resultar estar bien balanceados en el resto de la canción. Tenemos los casos en los que el cantante puede resultar ser algo estridente durante un registro alto de afinación el coro de la canción, pero por lo contrario durante los pasajes de más baja afinación, este puede resultar estar situado perfecto en mezcla. Es de suma importancia el saber detectar y corregir dichas alteraciones en las partes desproporcionales de una mezcla.

9.24   ESTRUCTURA DE GANANCIA INADECUADA EN EL BUS MASTER

Son muchos los ingenieros amateurs los cuales piensan que procesar el bus master es la clave para conseguir ese "supersonido" en las mezclas (culpo a Youtube y todos los ídolos). De hecho, la mayoría de los profesionales no procesan el bus master (a excepción de algunos los cuales intencionadamente saben el sonido que buscan en sus trabajos). No hay necesidad para aplicar tres tipos de ecualizadores o compresores diferentes para solucionar el sonido de nuestra mezcla. En vez de intentar arreglar una mezcla aplicando procesamiento en el bus de mezcla, intenta de averiguar cuál es el problema en esta o que canales nos están dando problemas. De hecho, cuanto más procesamiento apliquemos, más pequeña va a sonar la mezcla.

Siempre que realicemos un procesamiento en el bus master, debemos de controlar la estructura de ganancia en la suma de este. No apretes demasiado los niveles, así como tampoco trabajes con estos demasiado bajos. Asegúrate que estás trabajando con unos valores correctos. Muchos plugins los cuales emulan equipos analógicos tienen un punto óptimo de sonido. Encuentra el punto de estos y comprueba el correcto nivel, ya que muchos de estos pueden llevarnos rápidamente a un exceso de compresión y nivel en nuestro bus master.

9.25   EL ATAQUE DEL COMPRESOR ESTÁ AJUSTADO DEMASIADO RÁPIDO (BUS MASTER)

Lo tiempos de ataque rápidos quizás puedan resultar ser algo seductores, controlando los transitorios de una manera más efectiva, tensa o equilibrada. Pero dicho ajuste, también puede hacer que nuestra mezcla suene más plana y menos dimensional. Algunas veces es quizás esto lo que busquemos, pero en la mayoría de los casos los ajustes de ataque lentos son una mejor opción. Obteniendo así un mayor control dinámico al tiempo que podemos conservar el impacto de las pistas clave de nuestra mezcla.

9.26   USO DE MULTIBANDA (BUS MASTER)

Algunos ingenieros de mastering hacen uso de compresores multibanda cuando estos no tienen más remedio que el corregir una mezcla la cual no ha sido debidamente balanceada (algunos por defecto o vicio sin ser esto necesario).

¿Entonces porque no emplearla durante el proceso de mezcla?

Esto no es válido ya que es durante el proceso de mezcla donde debemos de equilibrar la propia mezcla. Aplicar la compresión multibanda posee una serie de desventajas como problemas de fase, así como la destrucción de la dinámica natural de las diferentes pistas individuales. Obteniendo como resultado un sonido de mezcla más pequeño. En vez de aplicar esta en el bus master y todas las pistas globales, trabaja mediante la compresión de una sola banda en los elementos individuales problemáticos.

9.27   "NO TE PREOCUPES, ESTO YA LO ARREGLAMOS EN LA MEZCLA"

Esto es otro de los grandes errores que se suelen cometer durante la grabación. Como los pilares de una casa, si estos no son sólidos y estables, todo lo demás se verá afectado de manera colateral.

Mediante los actuales sistemas digitales de grabación, disponemos la opción de grabar tantas tomas o pistas individuales como deseemos, tantas como nuestro ordenador y energía de la CPU, de la misma manera que la capacidad de almacenamiento del disco duro. Durante el proceso de mezcla, podemos quitar los pop, los silbidos, el ruido, la eliminación del verbo, el reamplificador, el reemplazo de la muestra y así sucesivamente. Realmente es un mundo nuevo y valiente con tantas opciones a nuestra disposición. Pero, como con todo lo demás en la vida, solo porque podamos hacer algo no significa que debamos hacerlo. No me malinterpretéis, creo que es realmente fantástico que tengamos todas estas herramientas modernas y maravillosas para trabajar y que me hayan "salvado la vida" en muchas ocasiones.

La idea de usar estas herramientas, sin embargo, es solucionar problemas genuinos que se hayan producido accidentalmente durante la etapa de grabación.

9.28   "EL DISCO ME LO GRABA/MEZCLA UN AMIGO EN SU ESTUDIO"

"Somos lo que comemos"

Como todo en la vida, muchas cosas son cuestión de dinero guste o no el hecho. El mundo del audio no se escapa de ello tampoco. Hay que agradecer a la industria el hecho que esta haya puesto al alcance y de manera asequible, herramientas para que prácticamente cualquiera pueda autograbarse cómodamente en su casa. Cosa que es ciertamente productiva y de gran ayuda para que los músicos puedan plasmar y dar forma a las ideas o bases para posteriormente grabar estas bajo las manos de un profesional y en un ambiente profesional. El error de todo esto viene cuando uno se piensa que puede grabar un disco de manera profesional. Este hecho es uno de los actuales factores que han contribuido negativamente la actual calidad de las grabaciones que se realizan. La manera constructiva de ello sería el de hacer que los músicos no pierdan tanto tiempo en plantear cosas ya una vez en el estudio de grabación profesional y que estos, en sus estudios caseros, puedan perfilar todos los detalles de la grabación. Mediante un medio el cual permita de manera fácil el poder grabar y maquetar todas las ideas de la producción como fase preliminar a la grabación final. Si el planteamiento es el de querer conseguir unos resultados profesionales mediante un ambiente, medios y conocimientos de un aficionado, el resultado puede llegar a ser algo bastante frustrante.

"Todo depende de la calidad que se quiera obtener con los trabajos"

10

PRE-MEZCLA

Este es uno de los principales procesos necesarios antes de terminar los resultados definitivos en las mezclas. Se trata de intentar conseguir en el menor tiempo posible la esencia de la canción. Localizar los elementos y partes más importantes y conseguir que la grabación obtenga un camino respecto a lo que el artista ha querido expresar mediante los arreglos y elementos que ha integrado como parte del mensaje del sentimiento musical. Hoy en día el hecho de trabajar en nuestro propio estudio de grabación, muchas veces hace que esta flexibilidad o ventaja pueda llegarnos a afectar de manera negativa al dedicar más tiempo del necesario o llevarnos a más indecisiones en los trabajos acumulados. Unas primeras escuchas con los oídos frescos y la mente clara y despejada, pueden ser más decisivas para encontrar los elementos importantes del mensaje musical que el escuchar reiteradamente los pasajes deteniéndonos en intentar encontrar algunos concretos detalles. Llevándonos esto a una fatiga auditiva donde cada vez nos a resultar más difícil el discernir de toda la información. Para maximizar las posibilidades de una combinación final exitosa, se debe de realizar una sesión preparatoria de pre-mezcla, o sesiones, utilizadas para abordar cualquier problema en pistas grabadas digitalmente, y poder hacer un poco de poco de limpieza en toda la pista de la grabación. Esto puede requerir algo de tiempo y energía, pero dividir el trabajo en distintos módulos de premezclas y mezcla puede llegar a contribuir a que todo fluya de una manera más rápida y eficaz. Una vez que se haya terminado la preparación, se debería de estar listo para comenzar a trabajar en la mezcla de la misma manera que lo realizan los profesionales en los estudios comerciales o privados. Hacer el trabajo preliminar de antemano significa mezclar más rápido, de manera más eficiente y fresca. Os voy a destacar a algunos de los procesos los cuales considero como básicos en las labores de pre-mezcla.

10.1 INTERACCIÓN CON EL ARTISTA/PRODUCTOR

Resulta muy complicado ser un músico artista creador y tener a la vez una visión global creativa de cómo todos los instrumentos o arreglos los cuales tienen que integrarse en un proceso global de una producción y saber cómo hacer sonar estos en el conjunto de espacios físicos y acústicos, así como mediante los aparatos electrónicos los cuales son empleados en el proceso para conseguir el sonido final de todo ello.

Muchas veces nos llegan trabajos en los que se pretende trabajar con cierta dosis de objetividad y quizás poder ofrecer nuestro punto de vista y criterio en el sonido de las mezclas. Incluso en los casos más obvios en el sonido, como podrían ser discos de Pop o Rock, donde los elementos están bastante definidos, es sumamente importante el tener toda la información posible, así como una comunicación total con el artista a la hora de abordar una mezcla. Resultaría bastante presuntuoso el poder llegar a ofrecer a un músico, el sonido final que este tiene en su cabeza. Y menos aún si no se va a asistir presencialmente durante la etapa final de las mezclas.

Una referencia podría ser el que estos nos ofrezcan una orientación sobre cuál es la idea y que cierto tipo de sonido se quiere llegar a conseguir, o al menos intentar lograr. Algunos de los aspectos necesarios para guiarnos en ello pueden ser:

- Instrumento principal o protagonista
- Arreglos
- Elementos importantes y los no importantes
- Tomas finales

Muchas veces los productores o músicos dejan en las sesiones, todos los elementos que han metido en la grabación, ya que muchas veces estos dudan en descartar todos aquellos que han decidido meter en la producción. Cosa la cual puede llevarnos a confundirnos a la hora de realizar los planos de mezcla. Donde fácilmente podemos perder mucho tiempo en hacer sonar un instrumento lo mejor posible, y luego quizás este tendría que aparecer en un plano muy lejano o quizás ni tenga que intervenir a lo largo de la canción.

Eso no quiere decir que estos sean demasiado técnicos con sus comentarios o gustos, cosas como "1.2 segundos de reverb en la caja" o cosas así no es por lo que normalmente un ingeniero de mezcla es contratado en sus servicios. Ya que nuestro objetivo es el ofrecer a una canción un aire nuevo y fresco, así como un estado de ánimo y un sentimiento general global.

Algo que también nos podría ayudar es el hecho que el músico nos referencia a mezclas o trabajos los cuales hayamos mezclado y este quiera conseguir un sonido algo parecido a este. Acercándonos a términos, interpretaciones o asimilaciones nuestras del propio del propio sonido como puede ser un tipo de sonido cálido, agresivo, limpio, sucio, exuberante, mucho o poco ambiente, etc.

10.1.1 COMUNICACIÓN CON EL CLIENTE Y DETERMINAR QUE CLASE DE MEZCLA SE VA A REALIZAR

Mi filosofía a la hora de llevar a cabo los trabajos de mezcla, reside en mantener siempre una constate y continua comunicación con el artista o productor durante todo el momento del proceso de esta. Dejando claro cuál es la idea que tienen y que es lo que quieren o esperan de nuestro trabajo. Principalmente por el gran ahorro de energía y tiempo que esto nos va a permitir y también como previa orientación y guía para abordar la labor. Es sumamente importante el intentar obtener aquella idea que el músico tiene en la cabeza la cual quiere intentar llegar a transmitir mediante el sonido de su música, cosa que muchas veces resulta algo complicado de conseguir ya que algunas veces ni el propio músico lo sabe, pero es nuestro trabajo el ayudar a los artistas a moldear e integrar la globalidad de la grabación y el de darle un sentido a todo ello para que el oyente pueda captar aquello que este ha querido transmitir.

Normalmente suelo emplear dos tipos de fases a la hora de trabajar en una mezcla. Una es lanzar la pre-mezcla habiendo realizado las labores más rudimentarias de edición y limpieza de pistas, así como primeros planos genéricos de la mezcla, ecualización y algunos efectos, para de esta manera poder obtener ya una avanzada versión de la grabación la cual nos permita visualizar de manera más clara el contenido de la canción. Pudiendo de esta manera enviar esta al artista o productor para que este pueda ya ver la idea o el camino que la canción está teniendo. La segunda fase seria la que una vez terminadas todas las premezclas de los temas, acordar si el músico va a querer supervisar estas personalmente mediante una presencial sesión con él, o si esto no va a ser posible el de poder asistir presencialmente y de lo contrario este ya está contento del resultado de las premezclas, quizás va a querer modificar algunas pequeñas cosas, las cuales a través de los muchos medios de comunicación existentes en la actualidad, nos detallará todo aquello que a él le gustaría cambiar o modificar. Otras veces el artista querrá quizás entregarnos o denegarnos la totalidad de la mezcla para que seamos nosotros los que podamos otorgar a esta, otra dimensión mediante una escucha y visión de una persona ajena al proceso de creación y composición de esta. Digamos que este nos ofrece esta para realizar un proceso creativo de la mezcla más que limitarnos a realizar un trabajo más "técnico" concreto de esta.

10.2 GESTIÓN DE LOS PROYECTOS

El mantener los archivos originales intactos en otro disco duro siempre nos va a resultar de gran ayuda, en el caso que nuestro disco duro pudiera romperse o llegar a tener un problema (a todos nos ha pasado, y a cualquiera le pasara alguna vez). Evitando de esta manera el perder el total de los archivos del proyecto, pudiendo siempre recurrir a los originales ante cualquier problema que pudiéramos tener. De la misma manera es interesante el mantener la sesión intacta de la grabación original, en el caso que los proyectos sean enviados a otros ingenieros y estos quieran también las sesiones originales y no las de la ya avanzada mezcla en la que estemos trabajando.

10.2.1 Ordenar las sesiones

El preparar y ordenar todos los elementos de una sesión, nos puede salvar muchísimo tiempo. En los estudios comerciales o los privados pertenecientes a ingenieros de renombre, estas labores las suelen de realizar los asistentes. Pero sino corremos esa suerte, y nos encontramos con que somos nosotros mismos los que tenemos que realizar todos los procesos, el preparar la sesión recolocando todos los instrumentos por secciones, nos agilizará posteriormente el proceso de mezcla. Una Lógica e intuitiva manera de ordenar las pistas, es la de posicionar primeramente los instrumentos de base rítmica o percusión como las pistas del kit de batería, seguidos de los instrumentos melódicos y posteriormente las voces etc. De esta manera podremos dirigirnos rápidamente y sin pensar a todos los instrumentos que tenemos en la sesión. El nombrar todas las pistas de los instrumentos o emplear los iconos, los cuales tenemos disponibles en casi cualquier DAW de la actualidad, así como el otorgar diferentes colores a las pistas de cada sección de instrumentos es algo básico en las funciones de preliminares de una sesión de mezcla.

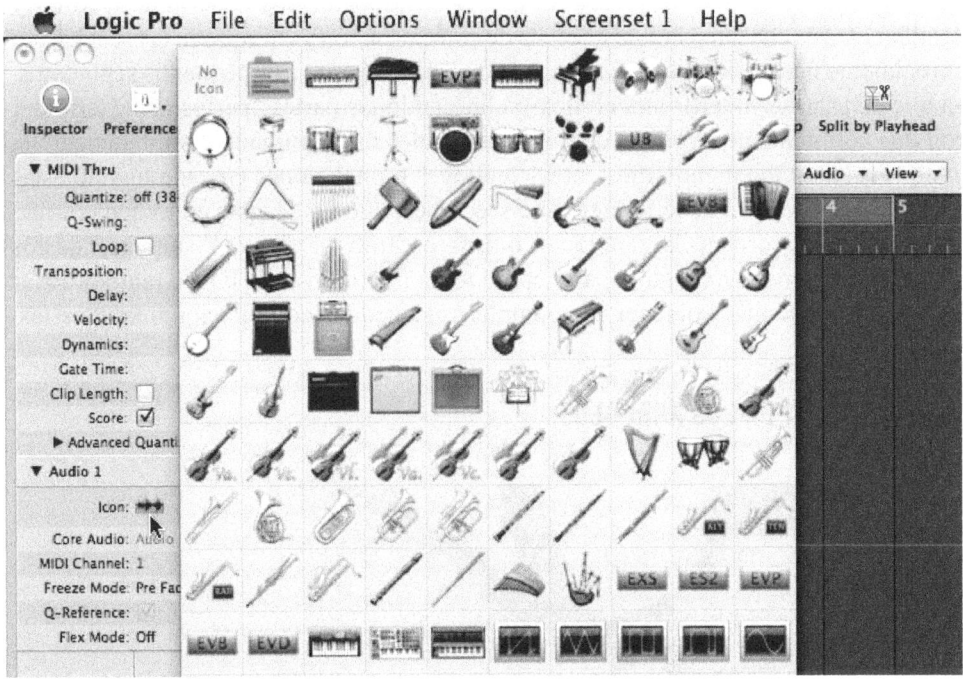

10.2.2 Archivos/pistas validas

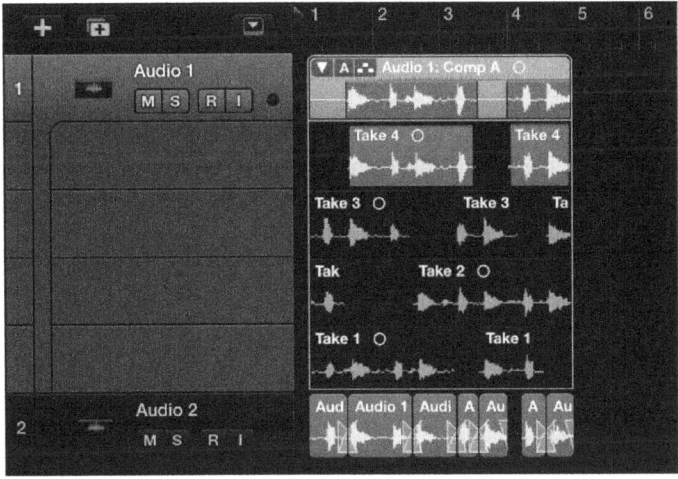

En una sesión de grabación y especialmente hoy día, nos podemos encontrar con sesiones de una gran cantidad de pistas. Es importante localizar y saber que tomas son las "buenas" y finales. Esta información es algo lo cual ya sea el ingeniero o técnico que realizó la grabación, el artista o productor nos debería de facilitar y detallar. Esto es una tarea la cual necesita de concentración y enfoque en la escucha. No es realmente necesario ni beneficioso el escuchar las tomas por pequeños segmentos, ya que podríamos invertir mucho tiempo buscando las partes "perfectas" y terminar con una compilación o collage de tomas las cuales han arruinado completamente la interpretación. Obteniendo diferentes "feelings" e intenciones en cada una de estas muestras. Es mejor el hacerlo mediante secciones algo más largas en lo que podrían ser un verso o coro de la canción y quizás pararnos a "reparar" algunos de los elementos concretos de alguna parte como toma alternativa. Es por lo tanto ordenar las carpetas de tomas y obtener una completa pista con la compilación final de estas.

10.3 ELECCION DE LOS ARREGLOS

El espíritu de una canción debería de sonar ya casi una vez terminada la grabación. Al menos la melodía de esta, debería de sonar decentemente incluso sonando en "crudo" en una versión de una simple pre-mezcla. Ser objetivo con uno mismo es algo muy complicado, es por eso por lo que el artista recurre a los servicios profesionales a la hora de mezclar sus propios proyectos. A parte de para solucionar los aspectos más técnicos, alguien con una visión externa por lógica, siempre va a tener una prospectiva y visión más global de todo el proyecto. A veces el artista si es también un instrumentista, este podría estar algo obsesionado con su instrumento y no centrarse objetivamente en el resto de los elementos globales de la grabación. Por poner algún ejemplo típico en los músicos que se auto graban o mezclan ellos mismos.

Cuando se mezcla también estamos produciendo en cierta manera. Ya que siempre que hayamos sido contratados para un trabajo creativo y el cliente confíe en nosotros para que llevemos a la canción a otra sonoridad diferente, lo que estamos haciendo es producir y elegir los arreglos de la grabación bajo nuestro propio criterio y gusto. Esto es algo a veces delicado dependiendo del artista con el que trabajemos, si este no deposita plena confianza en ello, ya que el hecho de modificar o variar algo de ello, le puede resultar más doloroso al "Ego" del músico que un dolor de muelas. Por supuesto, si se está mezclando para un cliente, especialmente un artista experimentado que sabe lo que está haciendo, esto no va ser problema alguno ya que esto está más allá de su propia competencia, pero si por lo contrario estamos trabajando con un artista menos experimentado o profesional, cualquier sugerencia o recomendación, deberán de ser echas con sumo "tacto" para ello no interfiera en nuestra relación con este. Es importante siempre el escuchar cualquier idea o comentario por parte de cualquiera de los miembros de la banda (¡Incluso del batería o teclista!). Esto es vital establecer una buena confianza entre artista/ingeniero.

Lo cual nos evitará el tener que replantearnos el dudar o preguntarnos a nosotros mismos "¿les va a gustar este cambio o arreglo?, ¿si modifico esta parte, se van a "asustar"?

11

REAMPING

Re-amp Workflow

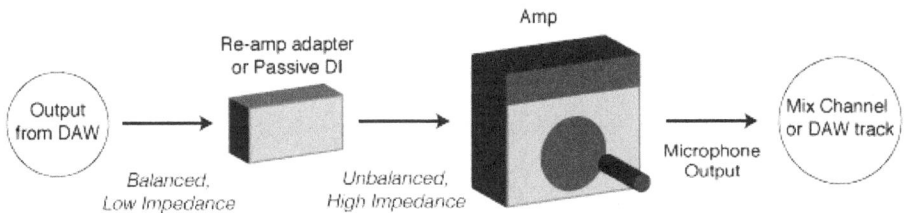

Reamping es un proceso de dos etapas en el que primero graba una pista seca o limpia y luego vuelve a grabar la pista enviando la pista limpia nuevamente a través de sus amplificadores y efectos. Dicho proceso data sobre los años 30´s/40´s cuando por aquella época se capturaban distintos sonidos, los cuales eran nuevamente reproducidos modificando los ambientes y volviendo a grabar la suma de todo ello. Durante una época y antes que se fabricaran las primeras unidades de reverberación, la manera de recrear los ambientes era reproduciendo la señal seca a través de los monitores principales de un estudio y luego usar micrófonos de la habitación para capturar el ambiente, los ingenieros podían crear de esta manera reverberaciones realistas y combinar la señal "húmeda" (modificada) con el sonido original seco grabado para lograr la profundidad y planos deseados. Ingenieros como Joemeek o Les Paul fueron algunos los cuales emplearon dichas técnicas en muchas de sus grabaciones.

Los beneficios del Reamping son muchos. Desde la perspectiva del músico, la mejor interpretación generalmente se captura cuando el artista está fresco. Antes de la técnica del Reamping, el guitarrista tenía que tocar durante horas mientras los ingenieros movían los micrófonos en un esfuerzo por encontrar el sonido perfecto. De este modo, cuando el ingeniero está listo para grabar, tras haber conseguido el sonido deseado, el guitarrista podría estar ya cansado, siendo por lo tanto más propenso cometer errores. Con el Reamping, grabas la pista y te preocupas por el sonido más tarde. En otras palabras, captura la interpretación cuando el músico está en su mejor momento. De esta manera posteriormente, ya podremos tomar nuestro tiempo para mover los micrófonos por la habitación, cambiar los amplificadores o agregar efectos según sea necesario. Esto también le permite regresar y cambiar el sonido de la pista para adaptarse a la mezcla a medida que avanza la producción. Por ejemplo, podemos encontrar que una pista de guitarra rítmica es demasiado gorda y ocupa demasiado espacio en el espectro frecuencial del bajo. Esto resulta algo sumamente interesante a la hora de la mezcla. Ya que podemos conseguir buscar el tipo de sonido más apropiado para y que más encaja con el resto de los instrumentos y el entorno acústico del sonido de la producción en la cual estemos trabajando. Sin la presión de tratar de capturar la interpretación, podemos posteriormente concentrarnos en el tono, y por lo tanto aseguraremos que nuestras pistas reestructuradas encajen perfectamente en nuestro proyecto.

11.1 PASOS

Para comenzar, tenemos que configurar la salida de la pista la cual deseemos reactivar en una salida adicional de nuestra interfaz, conectamos la salida de la interfaz a la caja de reamping o bien una D.I pasiva. Conecta la caja de reamping o D.I al amplificador y esto será todo lo que necesitemos para empezar el proceso de reamping. Podemos comenzar buscando un bucle en la canción y luego dirigirnos al estudio y comenzar a ajustar el tono del amplificador. Una vez que suena bien en el estudio, es hora de comenzar a tocar con los micrófonos. Dado al aislamiento perfecto, el reamping te brinda la flexibilidad de colocar micrófonos donde así lo deseemos, no limitándonos a posicionar el micrófono típicamente en la parrilla (a menos que sea el sonido que está buscando). Siempre que sea posible, es interesante el escuchar un poco más de espacio. Por lo que generalmente se suele empezar con el micrófono a unos 30 cm más o menos y tal vez incluso un micrófono en otra habitación o espacio del estudio, y poder capturar toda la interacción y el ambiente de la habitación. El ir y venir constantemente desde la sala de control a la sala en vivo del estudio para obtener el sonido correcto, ya que de esta manera, podemos concentrarnos en obtener ese sonido en el que nos permitirme ser exigentes, del mismo modo también debemos continuamente ir revisando y asegurarnos de que lo que estamos grabando también se integra bien en la mezcla, y que no siempre hay espacio para que cada parte suene GRANDE a pesar de que es tentador hacerlo al reagrupar y escuchar las diferentes partes en "solo". Una vez que todo esté en el lugar correcto y todo suene bien, todo lo que queda por hacer es presionar el botón de grabación y dejar que se ejecute a través de la canción.

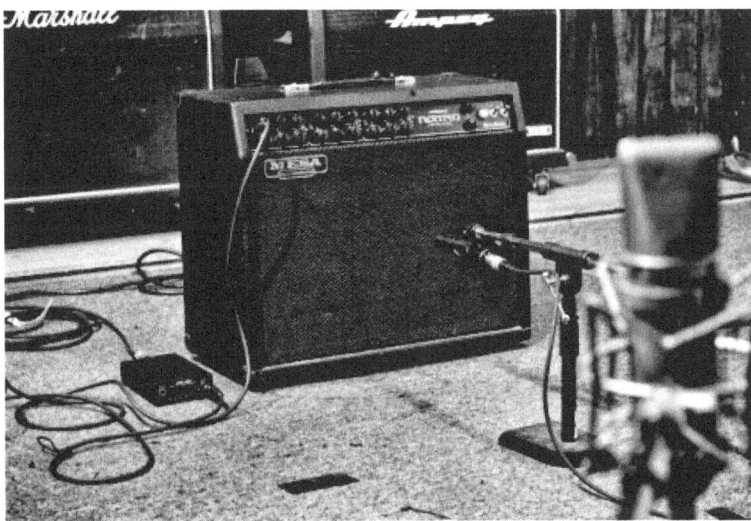

11.2 FASE

En aplicaciones donde la señal grabada originalmente y la señal re amplificada se usarán en la mezcla, su fase relativa es un factor importante de modelado de tono. Hay dos excelentes opciones para abordar la fase relativa de estas dos señales, uno es el interruptor de polaridad, y el otro el movimiento físico entre la distancia del altavoz al micrófono. Para muchas señales, mover el micrófono hacia adelante y hacia atrás a lo largo del eje de captación revelará un rango dramático de diferencia tonal. Esto puede ser particularmente evidente con señales que tienen un contenido armónico complejo de rango medio. Herramientas de "alineación" de fase, como el IBP de Little Labs. Usados como el adaptador de reamplificación o después del retorno preamplificado del micrófono, estos dispositivos proporcionan un control electrónico barrible sobre la fase relativa. Esto permite que el micrófono permanezca en el lugar que más le gustó. Independientemente de su elección de herramienta, recuerde que la fase relativa es un control de tono subjetivo en esta configuración. No pienses en lo que está bien o mal.

11.3 COMBINACIÓN DE LA SEÑAL ORIGINAL Y LA REAMPLIFICADA

Usamos una de ellas o combinar ambas?. A veces puede ser difícil decidir si la señal original se debe usar en combinación con la señal reamplificada. En estos casos, generalmente hay algo único en cada señal, pero es posible que no funcionen bien juntas. Este conflicto a menudo se puede resolver creando más contraste entre las señales originales y las amplificadas. En las pistas del teclado, por ejemplo, podemos realizar elecciones significativas de ecualización de al estilo de divisor de frecuencias, lo cual nos permitirán combinar de manera más sutil los elementos únicos de cada tipo de señal. Otra técnica que se puede utilizar es la de "Suma y amplitud". Esto quizás es algo que puede "matar" a los bajos arenosos, particularmente con baterías estrechas y cercanas. Utiliza una señal de bajo de una DI justo en el medio de su mezcla. Haz que suene genial y configura una ruta de amplificación; Configura un tono de bajo agradablemente saturado en un amplificador. En algún lugar en el flujo de señal, aplica un HPF (High pass filter) en esta señal en torno a los 300 - 500Hz. Esto es algo lo cual podemos hacer antes del amplificador; Utiliza el retorno del amplificador tal como lo harías con el componente "lateral" de un conjunto de micrófonos "Mid-side".Para obtener el máximo efecto de suma y diferencia, se puede colocar el amplificador fuera del eje. Esta configuración te deja con un foco de baja frecuencia fuerte y centrado, pero agrega un componente interesante de "ancho" distorsionado. Se puede probar en situaciones de batería y bajo mono-. Finalmente, no tengas miedo de dejar que la ruta del amplificador se cuele un poco en el monitoreo de entrada mientras mezclas. No hay una razón real para grabarlo hasta que estemos cerca de imprimir las mezclas. Resulta increíblemente fácil el realizar cambios mientras todo esté "vivo".

12

GRABACIONES CLÁSICAS

12.1 ASÍ SE HIZO

Figura 12.1. "África" del grupo Toto por Roby Flans

Estos músicos comenzaron como una banda de garaje mucho antes que su musicalidad les llamara la atención en los estudios.

¿Y por qué deberían tener el talento para tocar con una variedad de artistas como Warren Zevon, Paul McCartney, Cher, Cheap Trick, Joni Mitchell, Steely Dan, Tommy Bolin, David Gilmour, Alice Cooper, Bob Seger, George Duke, Michael Jackson y Michael McDonald (la lista continúa) ?, ¿significa que no fueron capaces de crear un gran sonido de banda?

Pero esa noche de febrero de 1983, incluso los críticos no pudieron evitar que Toto consiguieran hacer justicia y obtener sus justos y jugosos postres. Toto se llevó a casa cinco premios Grammy: Grabación del año ("Rosanna"), Mejor arreglo instrumental vocal ("Rosanna"), Álbum del año (Toto IV), Productor del año (para Toto IV) y Grabación de mejor ingeniería (Toto IV). Esto no fue ninguna sorpresa para el ingeniero Al Schmitt. *"Cuando empezamos ese álbum, la primera canción que hicimos fue 'Rosanna', y fue la segunda versión, con el improvisado solo de piano creativo en la salida y creo que la segunda canción que hicimos fue 'África'"*. Recuerda Schmitt *"Tenía un amigo que me dijo: 'La próxima vez que vayas a obtener un Grammy, avísame. Quiero ir a los Grammy. Justo después de la grabación de esa segunda canción, llamé a mi amigo y le dije: 'Comienza a conseguir tus tickets'. Fue simplemente mágico "*. Paich recuerda haber escrito "África" en el piano de su sala de estar. *"Durante muchos años, me habían dejado llevar los anuncios de UNICEF con las fotos de África y los niños hambrientos. Siempre quise hacer algo para conectarme con eso y atraer más atención al continente. Yo también quería ir allí, así que inventé una canción que me puso en África. Estaba escuchando la melodía en mi cabeza y me senté y puse música en unos 10 minutos. Y luego salió el coro. Canté el coro mientras lo escuchaba. Era como si Dios lo canalizara. Pensé, 'tengo talento, pero no soy tan talentoso. ¡Algo acaba de suceder aquí! "*. Paich luego procedió a trabajar en las letras alrededor de otros seis meses. Llevó el esqueleto al baterista Jeff Porcaro con la idea que la percusión fuera parte integral de la composición. *"Jeff sacó palos africanos con tapas de botella que su papá [Joe Porcaro] y Emil Richards [ambos percusionistas] usaron en las películas de National Geographic. Trajo una marimba y una especie de xilófono de madera. Esto fue presintetizador. No teníamos muestras en ese entonces. Estás escuchando la marimba de bajo, ese otro instrumento, y estás escuchando probablemente uno de los primeros bucles que se hayan hecho jamás.*

"Tenía alrededor de 11 años cuando se llevó a cabo la Feria Mundial de Nueva York y fui al pabellón africano con mi familia", comentó Jeff Porcaro, quien murió en agosto de 1992, en una entrevista para la revista Modern Drummer en 1988. "Vi lo real; No sé a qué tribu, pero estaban tocando estos tamborileros y mi mente estaba perdida. Lo que me asombró fue que todos estaban representando una parte. Como un niño pequeño en Connecticut, veía a estos "gatos "puertorriqueños y cubanos atascados en el parque. Fue la primera vez que vi a alguien tocar un ritmo y no apartarse de él, como una experiencia religiosa, donde se hace fuerte y todos entran en trance. Siempre he cavado ese tipo de orquestas, ya sea una banda o todos los bateristas, donde un grupo de chicos está diciendo una cosa. Así que cuando estábamos haciendo "África", instalé un bombo, una caja y un charles, y Lenny Castro (el percusionista) se colocó frente a mí con una conga. Nos miramos y comenzamos a tocar el ritmo básico: el bombo en 1, en el 'y' de 2 y 3. El ritmo está en 3, por lo que es una sensación de medio tiempo, y es 16 notas en el hi -sombrero. Lenny comenzó a tocar un patrón de conga. Toquemos durante cinco minutos en cinta, sin clics, sin nada. Acabaremos de tocar y ya estaba cantando la línea de bajo para "África" en mi mente, así que tuvimos un ritmo relativo. "Lenny y yo entramos

en la cabina y escuchamos los cinco minutos de ese mismo patrón aburrido", dijo Porcaro. "Escogimos las dos mejores barras que creíamos que estaban surcando y marcamos esas dos barras en la cinta. Hicimos otra marca cuatro barras antes de esas dos barras. Lenny y yo volvimos a salir; Yo tenía un cencerro, Lenny tenía una coctelera. Nos dieron dos pistas nuevas y nos dieron la señal cuando vieron pasar la primera marca, donde Lenny y yo empezamos a tocar para entrar en el ritmo, de modo que cuando llegó la quinta barra, que era la primera barra de las dos las barras que marcamos como las barras que nos gustaban, nos encerraron y doblamos la coctelera y el cencerro. Así que había un bombo, caja, hi-hat, dos congas, un cencerro y una coctelera. Volvimos a entrar, cortamos la cinta e hicimos un bucle de cinta de una barra que fue 'redondo y' redondo y 'redondo.

"Tomamos esa cinta, la transferimos a otra de 24 pistas durante seis minutos, y David Paich y yo salimos al estudio. La canción comenzó y yo estaba sentado allí con una batería completa y Paich estaba tocando. Cuando llegó al compás antes del coro, comencé a tocar el coro, y cuando el verso o la introducción regresaron, dejé de tocar. Luego tuvimos el piano y la batería en la cinta. Después tuvimos que hacer los bongos, palos de jingle y grandes shakers haciendo notas negras, tal vez apilando dos pistas de campanas, dos pistas de grandes palos de jingle y dos pistas de panderetas, todo en una sola pista. Estaba tratando de obtener los sonidos que escuché de Milt Holland o Emil Richards, como los sonidos que estuve escuchando en un especial de National Geographic, o los que escuché en la Feria Mundial de Nueva York ". Schmitt recuerda estar en Sunset Sound trabajando en la pista y recuerda que el proceso original de Porcaro fue a una máquina de 2 pistas. "Después de elegir las barras en bucle, destacamos la música y la cinta giró alrededor del atril y la devolvió a la máquina de cinta". Entonces todo lo demás fue doblado. Paich grabó el sonido de apertura en una Yamaha CS80, "luego David Hungate se puso el bajo, Steve Lukather puso una guitarra y yo puse un poco más de piano", dice Paich. "Hicimos la pista y todavía estaba trabajando en las letras. Todos intentaron cantar la canción: había muchas letras para que quepan en una pequeña cantidad de espacio. Bobby Kimball trató de cantarlo y no pudo expresarlo correctamente. Steve Lukather lo intentó, pero terminé haciéndolo por defecto. Soy un fan de Elton John y él encaja muchas palabras en sus canciones. Cuando llegamos al coro, estos son Bobby, Steve y Timmy Schmidt cantando. El legendario Jim Horn entró y tocó en el segundo verso.

"Grabamos 24 pistas con muchos otros grabadores en modo esclavo", continúa Paich. "Lo obtuvimos de Paul Simon, quien creo que fue el primero en hacerlo. Tan pronto como él hizo la pista de ritmo, se guardó y preservó el master para que no se desgastara y se hizo otra cinta de 24 pistas para voces, una de guitarras, etcétera, e hicimos muchas de esas. Para entonces, tuve mi primer pequeño estudio de 24 pistas [apodado Hog Manner] en mi casa, el cual era un mezclador

Trident, dos altavoces JBL 4311 y dos Ampex M1200, así que nos metimos a hacer los overdubs allí. Estábamos grabando 30 ips, no Dolby, ¡te lo puede creer! Había un instrumento Yamaha llamado GS1, un prototipo para el DX7, que en ese momento era el nuevo pequeño sintetizador digital, así que el sonido kalimba que escuchas es eso. Y utilizamos un CS80, que es muy singular. "En las voces, creo que tuvimos un U47, probablemente a través de un limitador LA-2A. Cada vez que escuchas mi voz principal, se triplican. Cada línea tiene tres voces en él. Lo conseguí escuchando muchos discos de Beach Boys y Beatles. Me gusta ese sonido de capas ". "Por entonces, y aún a día de hoy, soy un tipo de hombre fiel al Shure SM57", dice Lukather. "Soy un gran fan de Shure cuando se trata de amplificadores de guitarra". "En la guitarra, usamos un micrófono cercano en el amplificador y luego tuvimos un micrófono de aproximadamente 15 pies para el ambiente de la sala", agrega Schmitt. "Fue un momento en el que queríamos experimentar mucho", recuerda Lukather. "Vivíamos en el estudio. Antes que nos casáramos y tuviéramos hijos, alquilamos un Winnebago y lo teníamos en el estacionamiento de Sunset Sound para que no tuviéramos que ir a casa. Grabaríamos todo el día y toda la noche y si alguien quería dormir, se dirigía a la Winnebago ". Greg Ladanyi luego vino a mezclar el álbum. "Creo que usamos tres máquinas de 24 pistas para" África "y" Rosanna ", esto era algo un poco adelantado a su tiempo", dice. "Estábamos en la fábrica de sonido". Tuvimos que mezclar 'África' en secciones porque la consola no era lo suficientemente grande, no tenía suficientes faders para la cantidad de pistas que había en el disco. Tuvimos que mezclar secciones y tuve que editar las 2 pistas juntas para completar las mezclas: los versos se mezclaron, el coro pasaría y luego, una vez que los versos se mezclaron, mezclamos los coros y cortamos los coros en los versos. Los chicos de la sala se involucraron en mover faders porque no teníamos automatización en la consola. Estaba mezclando y tenía a Lukather en un lado del mezclador y Paich o Porcaro en el otro lado, hicimos los paseos en vivo a tiempo real. Continuamos haciendo las mezclas una y otra vez hasta que conseguimos escuchar a esta de la manera que queríamos escucharla. "Utilizamos los Harmonizers de Eventide para cantar y armonizar, muchos efectos analógicos como el retardo de la cinta y la "pegada" de ¼ de pulgada", continúa Ladanyi. "Estaba Publison y Sound Factory tenía las magníficas Reverb de placas EMT 140, por lo que toda la reverberación provino de casi todo eso. Gran parte de las cosas han venido y se han ido ahora. "Otra cosa interesante sobre el disco es algo a lo que tenemos que volver", dice Ladanyi. "La falta de compresión utilizada en el proceso final para la grabación del disco no fue un problema como lo es hoy, por lo que la gran dinámica de Toto como banda fue realmente sentida y escuchada por el usuario final. Hoy, casi todos los discos que escuchas están tan comprimidos. La capacidad de un músico para tocar con su sentimiento tiene que ver con su rango dinámico, y cuando eso se elimina de la mezcla, el usuario final no tiene relación con el músico o artista y con la forma en que se sienten las cosas. Ese disco tenía todo eso. Ese fue un gran disco, y aún es el disco que escucho en la radio cuando viajo por todo el mundo, incluso en lugares como Corea del Sur o América del Sur ".

"África", que llegó al Número uno a fines de 1982, es una prueba creativa y dinámica que los críticos no siempre tienen la razón. "Si los críticos tuvieran algún poder, hubiéramos terminado hace 25 años", dice Lukather. "Estamos aquí para enojarlos y recordarles que algunos de nosotros todavía creemos que tienes que tocar bien para tener éxito". [Risas] Toto está trabajando actualmente en un nuevo álbum, sobre el cual Lukather dice: "Son todos los componentes originales, excepto, por supuesto, para nuestro hermano Jeffrey", dice Lukather. "Pero él siempre está en la habitación de todos modos. El otro día, estábamos trabajando con Pro Tools y pudimos volver inmediatamente a escuchar un balance detallado de las voces y fue muy rápido. Y Paich dijo: "Podríamos haber usado eso realmente en 1981." La tecnología es genial, Pro Tools es genial, pero también permite que las personas que no pueden tocar y no pueden cantar hagan discos. Si le das tecnología a la gente que realmente puede tocar bien y no la usa como una muleta de apoyo, sino que la usa como una herramienta, entonces es todo ello es realmente increíble".

13

HERRAMIENTAS Y PASOS EN EL PROCESO DE MEZCLA

13.1 ESTRUCTURA DE GANANCIA (GAIN STAGING)

En época de la grabación en analógico, era una práctica común grabar en niveles altos para evitar que el hardware agregara ruido a la grabación.

Por alguna razón, esta práctica parece haberse mantenido por algunos en la actualidad ya que muchas personas aún piensan que se necesita grabar con niveles de grabación altos La cual cosa es completamente errónea. El audio digital es muy diferente. Gracias a los modernos equipos, no es necesario grabar en niveles altos para evitar el ruido. De hecho, grabar y mezclar a altos niveles es simplemente MALO para tus mezclas. Los preamplificadores no funcionan tan bien cuando los niveles comienzan a acercarse a 0dBFS. Los plugins no funcionan como deberían, su espacio para el Headroom desaparece y todo comienza a sonar blando e indefinido. Grabar y mezclar a niveles altos también hará que su master final sea complicado de tratar por el ingeniero de mastering, debido a la falta de espacio para la masterización y quizás lo sea más aún si le hemos aplicado un limitador en el bus maestro. Entonces.

¿En qué niveles debes grabar y mezclar?

Podrías apuntarte como referencia un promedio de -18dBFS con los picos alrededor de -10dBFS (y nunca más alto que -6dBFS).

¿Por qué -18dBFS?

Eso es el equivalente de 0dBVU en equipos analógicos. Ese es el nivel al que apuntaría cada ingeniero al grabar. En equipos analógicos antiguos, 0dBVU era el "punto óptimo" donde las consolas, ecualizadores y compresores sonaban mejor. Y dado que la mayoría de los plugins se basan en ese equipo analógico antiguo, el punto óptimo todavía está alrededor de esa área. Por otro lado, 0dBFS es el punto en el que el audio se distorsiona. Nunca querrás estar cerca de 0dBFS cuando se mezcla (solo cuando se masteriza). Prácticamente casi todos los DAW poseen un medidor y los correspondientes números de valores al lado. Este indica el nivel en dBFS.

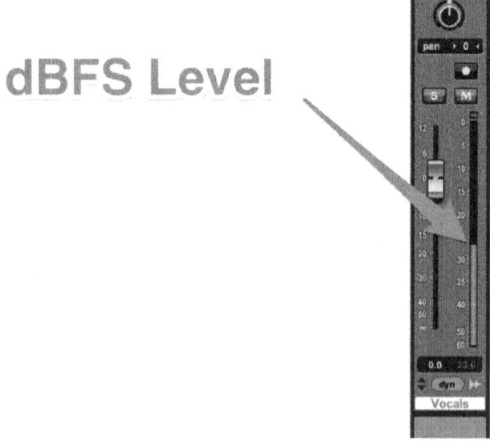

Figura 13.1. Grabar y mezclar alrededor de -18dBFS también significa que tenemos mucho espacio de headroom

13.2 HEADROOM

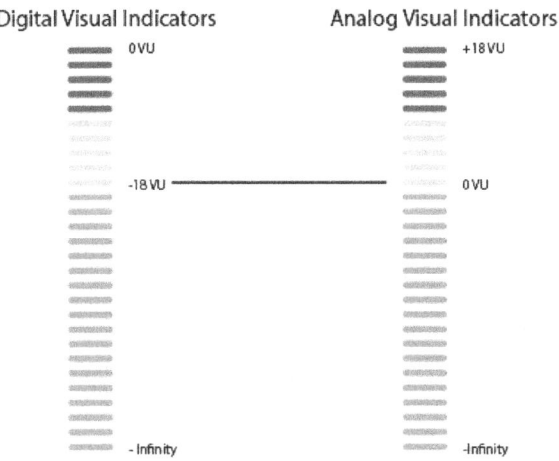

13.2.1 ¿Qué es el espacio de headroom libre?

La cantidad de ganancia que tienes entre tu audio y ese límite de 0dBFS. Cuanto más cerca esté de 0dBFS, menos espacio libre tendrás. Menos espacio de headroom significa que no puedes abrir un instrumento si suena demasiado bajo. Menos espacio de headroom también significa que no hay espacio para que la mezcla respire. Por lo tanto, menos espacio significa menos rango dinámico en tu música. No siempre es fácil alcanzar este punto exacto al grabar, así que tienes que reajustar la ganancia para cada canal al comienzo de cada mezcla.

13.2.2 Cómo aplicar la "estadificación" de ganancia a tus mezclas

La forma habitual de ganar estructura de ganancia, es usar un plugin de recorte o ganancia justo al comienzo de la cadena de plugins. Simplemente ajusta la ganancia hasta que la pista llegue a ese punto "dulce". Luego repite esto, para cada canal de pista individual. Sigue estos pasos para ganar todas tus pistas:

▶ Una vez que tengas tus pistas para sentarse alrededor de -18dBFS, la mezcla comenzará a sonar aún mejor. Pero hay otro paso en el proceso. Cada vez que apliques un plugin, debes verificar que no estés aumentando o disminuyendo el volumen del canal. Si es así, utiliza el control de ganancia en el plugin para ajustar en consecuencia. Por ejemplo, aplicar muchos cortes de ecualización disminuirá el volumen del canal. Para compensar, debes aumentar la ganancia de salida.

▶ Esto también es importante para las referencias. Si algo es más fuerte, suena mejor. Para asegurarte que realmente estás mejorando el sonido con un plugin (no solo haciéndolo más alto), debe ser el mismo volumen cuando lo omitas para verificarlo.

▶ Se especificó con tu medición Una de las mejores maneras de ver rápidamente si algo está golpeando el "punto dulce" digital es usar un medidor VU.

Figura 13.2. VU meter indicador de dB's y nivel de la señal

Estos son los medidores que los ingenieros utilizaron en equipos analógicos antes de la era digital. Son diferentes de su medidor de picos estándar porque son mucho más lentos: miden el nivel promedio, en lugar de cada pico individual pequeño. El punto dulce digital se basa en estos medidores, por lo que ¡qué mejor manera de asegurarse que está obteniendo una buena y adecuada estructura de ganancia que usar uno de estos! La mayoría de los DAW no tienen estos como plugins de stock incluidos en el propio programa, pero con el medidor en la salida estéreo, puedo tener una idea bastante rápida del volumen que debe tener cada canal.

13.3 ERRORES COMUNES EN EL AJUSTE DE LA ESTRUCTURA DE GANANCIA

13.3.1 Error 1: No entiendo lo que es ajustar la estructura de ganancia

Te sorprendería saber cuántos músicos, productores e ingenieros no entienden realmente este concepto.

13.3.2 Error 2: obsesionarse con la estructura de la ganancia

Ganar en estructura de ganancia es importante. Es algo que, si no se hace, puede evitar que las mezclas suenen como las de los profesionales. ¡Pero no es una varita mágica! Asegurarse que las pistas tengan la cantidad adecuada de Headroom es como nivelar el campo de juego. Es asegurarse de tener todas las oportunidades para hacer que tu mezcla suene increíble. Pero tampoco ello va a hacer que tu mezcla suene increíble. Este proceso no necesita de más de 2 o 3 minutos si lo estás observando, o 5 o 10 si estás volviéndote un poco más específico en la labor. No todas las pistas deben configurarse perfectamente a un promedio de -18dBFS. Todo lo que necesitas es solo asegurarse que esté alrededor de esa área (y no alcanzar un máximo superior a -6dB). Configura esto y olvídalo para que puedas pasar a cosas más importantes de la mezcla.

13.3.3 Error 3: No arreglar la estructura de ganancia de los buses de mezcla

El hecho que ganes por etapas en el nivel de las pistas individuales no significa que puedas omitir los buses. Si tienes plugins en él, debes de también controlar el nivel de estos. Sin embargo, la forma de actuar en estos, es igual de simple. Si la señal llega demasiado "caliente", solo agrega un plugin de ganancia al comienzo de la cadena de plugins y baja este. Eso es todo lo que necesitas hacer. Asegúrate de hacer esto también para la salida del master estéreo.

13.3.4 Error 4: No igualar el nivel de tus plugins

Casi todos los plugins afectan el nivel del sonido de alguna manera. Dependiendo de lo que esté haciendo el efecto, es rechazarlo o subirlo. ¡Mantener un nivel de volumen constante a lo largo de toda la cadena de plugins es esencial! De lo contrario no vas a quedarte en el punto "dulce" de la señal. Esto es algo que harás mientras te estás mezclando. Cada vez que agregues un plugin y realices sus ajustes, desactiva ese plugin. ¿Suena más fuerte o más bajo? Si es así, usa el nivel de salida en el plugin para mantener el volumen igual. El truco es que deberías poder encender y apagar el plugin repetidamente sin escuchar una caída en el volumen. Si el plugin no tiene un fader de salida, simplemente agrega otro plugin de ganancia después de este. Esto es algo realmente tan simple como esto.

13.3.5 Error 5: Gastar tu dinero duramente apostando por una correcta y adecuada estructura de la ganancia mediante plugins externos

A veces se ven esquemas de obtención de efectivo de las compañías de plugins que tratan de vender a sus clientes. No te dejes engañar. Mu chas veces no lo necesitas. Todo lo que necesita es un plugin de ganancia (que se suministra con cada DAW) y tal vez un medidor de RMS / VU adicional (el cual puede estar incluido en nuestro DAW o se puede descargar de forma gratuita). Recuerda, hacer este proceso correctamente no va a hacer que sus mezclas suenen mejor. Simplemente va a deshacerse de un obstáculo que puede hacer que sus mezclas suenen peor. Comprar plugins de lujo no mejorará ninguna calidad. ¡Así que no lo hagas!

13.3.6 Error 6: Mantener tus faders muy bajos

Después de equilibrar la mezcla, puedes darte cuenta que algunos faders están muy bajos. Tal vez una parte de percusión o un colchón. Algo que se supone que es apenas audible. El problema es que cuanto más te acerques al fondo del deslizador, menor será la resolución. ¡Un pequeño movimiento podría cambiar la ganancia en 10dB! Debes apuntar a que tus faders estén alrededor de 0dB para mantener esa resolución alta para la mezcla. Si te encuentras con esto como un problema, agrega un plugin de ganancia al final de tu cadena y corta el volumen allí. De esa manera, aún tendrás acceso a la resolución completa de sus faders.

13.4 AUTOMATIZACIÓN DE LA GANANCIA DE CLIP

Esta es la clase avanzada de la estructura de la ganancia. Es algo que los profesionales usan para obtener un sonido más consistente a lo largo de una canción. En lugar de simplemente aplicar la ganancia a todo el canal (mediante el uso de un plugin) puedes automatizar la ganancia de este. Esto te da mucho más control y es una excelente manera de hacer que una voz o instrumento sea más consistente en volumen. La técnica se llama automatización de ganancia de clip. Imagina que tienes una canción para mezclar donde la voz tiene un volumen promedio de -20dBFS en el verso, pero -14dBFS en el coro.

Si aplicas la acumulación de ganancia simplemente agregando un plugin de ganancia /recorte durante el coro, el verso puede verse afectado por ello, resultando ser este demasiado silencioso. Contrariamente, si aplicaste estructura de ganancia en el verso, el coro podría ser demasiado alto. En su lugar, ¿por qué no cortar cada sección de la canción y aplicar la ganancia directamente al clip o región?

Podrías agregar 2dB en el verso y cortar 4dB en el coro. De esta manera, la voz está siempre en ese punto "dulce" de -18dBFS. Usando esta técnica, la estructura de ganancia ya no es solo una manera de poner tu audio en ese punto dulce de -18dBFS, sino también es una forma de controlar la dinámica. En lugar de aplicar la ganancia de clip a secciones completas, puedes aplicar la ganancia de clip a frases individuales, palabras o incluso sílabas. Esto es perfecto para algo que debe ser ridículamente consistente (como la voz). En palabras de Chris Lord-Alge, "Con las voces estás persiguiendo a los faders para que realmente se te suban a la cara. Se trata de la automatización ". Automatizar la ganancia de clip en lugar de volumen significa que la voz / el instrumento es dinámicamente consistente ANTES que toque el compresor, no después.

Antes que la voz / instrumento toque TODO lo demás, ya es consistente. Esto le quita mucho estrés a sus compresores y limitadores, también ayuda a que todos los plugins funcionen mejor porque la voz siempre estará alrededor de ese punto dulce de -18dBFS. Al automatizar desde el principio, también hace que sea mucho más fácil de mezclar. Puedes ser más sutil con la compresión.

Las grandes ganancias desde el principio también aumentarán tu confianza, lo que se traduce a unas mejores mezclas. Es demasiado lento hacer esto para cada canal. Debes combinar esta técnica con una estructura de ganancia directa utilizando un plugin de ganancia / recorte. Usa la automatización de la ganancia en voces principales, guitarras principales y cualquier otra cosa que deba estar a la vanguardia de la mezcla. Ahora que tus pistas están alrededor de -18Dbfs.

¿Cómo haces que tu mezcla tenga un buen volumen una vez que hayas terminado? Si va a ser un ingeniero de mastering el que va a masterizar la pista, no es necesario. Envíale una mezcla estéreo con un promedio de alrededor de -18dBFS (le encantará ello). Si, por lo contrario, estas masterizando tú mismo la pista, aplica un plugin de ganancia / recorte y un limitador como plugins finales. Aquí es donde podrás recuperar la ganancia en un promedio de alrededor de -8dBFS o inferior. El limitador evitará que el audio se recorte por encima de 0dBFS.

Pasos

Carga tu DAW. Abre una mezcla reciente o cargue esta plantilla. Consulta los niveles de tus canales.

¿Estás en el punto "dulce" de ganancia (-18DBFS)? elije el enfoque principal de la canción (vocalista o instrumento principal). Separa la pista para que cada sección tenga su propio clip / región y ajuste la ganancia hasta que cada sección esté en el punto óptimo de ganancia. Elije una sección y separa los clips / regiones por frase.

13.4.1 Aplicar automatización de ganancia de clip

Escucha cuán dinámicamente consistentes sonarán la voz o el instrumento. Revisa y aplica la clasificación de ganancia básica a todos los demás canales utilizando un plugin de ganancia / recorte al principio de cada canal. Observa cuánto espacio libre tiene ahora en su bus estéreo o en su salida maestra.

Conclusión

Quizás me haya extendido cubriendo demasiados aspectos sobre la estructura de la ganancia. Pero esta es tan solo un aspecto de una buena mezcla. Hay MUCHAS cosas que necesitas para hacer las cosas bien si quieres que tu música suene parecida a la de los ámbitos comerciales y profesionales. Por lo que, si alguna vez te sientes abrumado con el proceso de grabación y mezcla, lucha y sacrifícate por encontrar el tiempo y la experiencia necesarios para aprender y aplicar todo ello en tus trabajos de mezcla.

13.5 BUSES

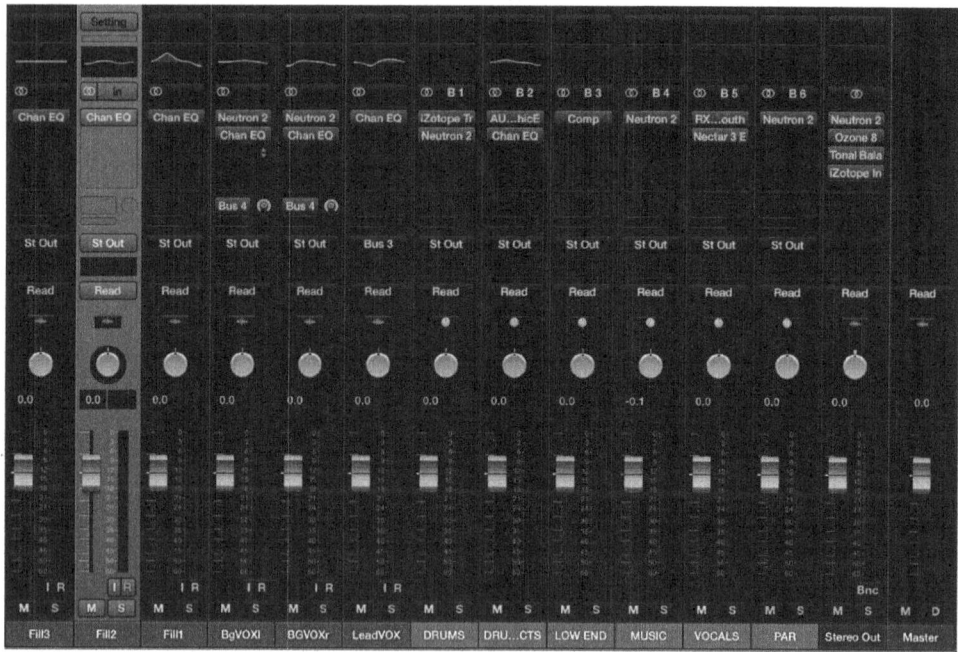

13.5.1 Bus Routing

Mediante la creación de buses auxiliares o grupos podemos compilar varias pistas de un mismo instrumento, así como combinar otras varias y mezclar toda estas en un solo canal de bus. Podemos por ejemplo compilar las distintas pistas que forman la grabación de una batería y controlar estas mediante un solo fader. Normalmente aplicamos un bus auxiliar a cada grupo de instrumentos como baterías, guitarras, teclados, coros de voces, voces principales, etc. Podemos realizar combinaciones de varios buses a un solo bus también. Una vez consigamos el dominio mediante el control de buses, obtendremos un mejor dominio y control del sonido final.

13.5.2 Bus Compressor

Como norma general, es mejor siempre el colocar varios compresores trabajando sutilmente en los canales que el emplear tan solo uno y hacerlo de manera agresiva. Realmente el uso de buses nos proporciona una etapa más para la compresión en capas. Si por ejemplo tenemos dos bajos, uno por línea y el otro por micrófono del propio amplificador, tenemos dos canales los cuales se pueden comprimir individualmente y añadir un tercer canal de compresión paralela. Si agrupamos los tres en un solo bus, podemos obtener una dosis extra de compresión o incluso limitación si fuera esto necesario. Obteniendo de esta manera unos graves más sólidos y potentes ayudando también a compactar conjuntamente a los diferentes canales. Hay que tener en cuenta el no sobrecargar el bus. Si empleamos este correctamente, la compresión de buses nos puede ayudar a alcanzar un buen volumen de mezcla.

13.5.3 Automatización de bus

En vez de emplear x10 canales para controlar pistas individuales de una batería, podemos tener estas en un solo deslizador para controlar el nivel general de esta. Esto hace que la automatización sea mucho más sencilla, ya que cuando tenemos a varios grupos de instrumentos controlados y agrupados todos ellos mediante un solo atenuador, podemos controlar la mezcla completa de una manera mucho más efectiva.

13.5.4 Master Bus

Este tipo de arquitectura de mezcla está diseñada para lograr un sonido mejor y más controlado en el bus master. Cada bus que hayamos preparado, se sumará en el bus master final. Al dividir (y comprimir) cada sección individualmente, el master bus se comportará de una manera más controlada. El Master bus es donde sale nuestro sonido final después de todos los procesos realizados. Por lo tanto, el trabajar con una mezcla bien estructurada, nos ayudará a que el bus master, así como todos los plugins de este, funcionen de una manera mejor.

13.5.5 Panorama

Después de los faders, una de las primeras decisiones implica una panorámica en la mezcla. Colocar las voces, baterías y demás instrumentos en la mezcla global afectará a otras decisiones, como la cantidad y el tipo de reverberación, o si se necesita aumentar o reducir el ecualizador para hacer que un instrumento en concreto se escuche por encima de los otros instrumentos, o desplazar las partes hacia sus lados opuestos para obtener un balance más suave en la imagen estéreo. Colocando los bajos a la derecha, por ejemplo, arrastra el extremo de los graves hacia un lado, quitando el enfoque de la pegada y el bajo. Un ejemplo podría ser el tener una cuerda E en un contrabajo el cual ese de 41.2 Hz, que está directamente en el territorio de la guitarra y el bombo de la batería. Desplazar todos los violines hacia la izquierda quita la atención del oyente de los elementos principales, como podría ser el caso de un vocalista en el centro o un instrumento solista porque a menudo también residen en el mismo rango frecuencial. En su lugar, mueve las partes de los graves de cuerda al centro para centrar el extremo inferior de la mezcla. Además, si todas las partes están en pistas separadas, comienza con ellas panoramizadas de la manera tradicional, pero mueve algunas de las partes hacia el lado opuesto para obtener un balance más suave de las partes en la imagen estéreo. Este método de panoramización de las cuerdas a través del centro hará que las partes individuales sean más prominentes porque no luchan por el espacio de frecuencia compartido en un grupo tan estrechamente panorámico, sino que se extienden a través de un escenario de sonido más amplio.

13.5.6 Ecualización

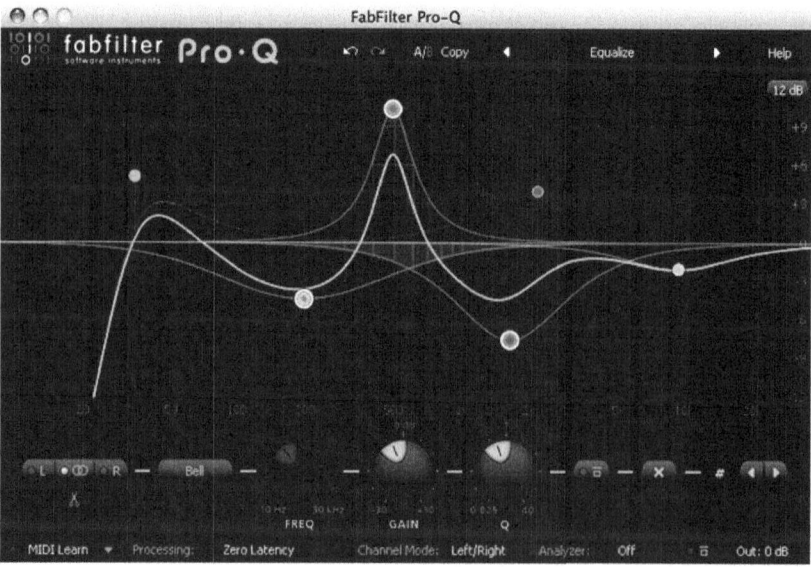

Una vez determinado el esquema de panoramización, podemos decidir si necesitamos EQ para suavizar los puntos estridentes en el tono o dar a las partes individuales una identidad más clara en la mezcla. Las cuerdas, por ejemplo, tienen un timbre incoherente en su rango y algunas notas pueden tener un sonido áspero y quebradizo. Esto es atribuible a la construcción del instrumento, al estilo de inclinación e incluso a la habitación o la sala del estudio, lo cual puede acentuar los tonos poco favorecedores. La calidad de "Screechy" (sonido estridente) es especialmente notable con una parte solista; una sección tiende a enmascarar problemas de timbre individuales. La aspereza también se puede minimizar con la colocación selectiva del micrófono durante la grabación (consulte "Antes de mezclar") y durante la mezcla automatizando un plugin de ecualización para suavizar las notas problemáticas. No hay porque sacrificar todo el pasaje de un instrumento cortando una banda de EQ en toda la pista, solo para solucionar un problema momentáneo. Primero, encuentra la banda ofensiva haciendo un bucle en una sección áspera y aumentando el ecualizador en un ajuste de Q central de 5 a 10. Una vez que consigas reducir el objetivo, podemos escribir la ganancia de ecualización plana para toda la canción, reduciendo la ganancia de la banda solo cuando aparecen las notas quebradizas o indeseadas.

13.6 REVERBERACIÓN (ESPACIO Y AMPLITUD)

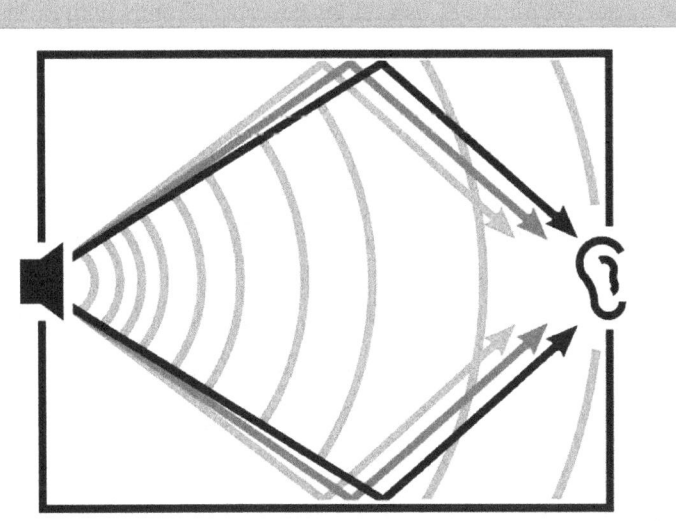

Es uno de los efectos más empleados para simular un entorno acústico se les suele llamar "reverb" como abreviatura al nombre. Mediante sus diferentes parámetros, podemos conseguir diversos patrones y tipos de "echoes "en respuesta a la señal de entrada. Consiguiendo de esta manera otorgar cierta dosis de realismo a distintas señales con un sonido poco natural de las distintas fuentes cercanas captadas por un micrófono. En la antigüedad, se empleaban cámaras o salas destinadas para captar mediante un micrófono, el sonido del playback de las fuentes sonoras las cuales eran reproducidas mediante altavoces ubicados en la propia sala, consiguiendo de esta manera la reverberación que originaba esta. En la actualidad se suelen emplear unidades digitales las cuales, a pesar de no poseer demasiado realismo, estas han sido aceptadas y asimiladas en el tipo de sonido de las producciones musicales.

Mediante el uso de las reverbs podemos conseguir realzar diferentes aspectos de un sonido como.

13.6.1 Tamaño

Mediante el uso de las reverbs, podemos conseguir aumentar las dimensiones de un entorno acústico. Pudiendo simular que nuestros sonidos de la mezcla, han sido grabados en unas salas mucho más grandes (o quizás con mejor acústica), consiguiendo emular de esta manera que el sonido fue grabado en un entorno de mayor calidad acústica respecto a donde realmente fue grabado originalmente. También podemos simular que el sonido es más grande y potente de lo que realmente es incluso a un bajo volumen en mezcla, permaneciendo este integrado con los demás sonidos, por lo que mediante el uso de las reverberaciones podremos conseguir un sonido de mayores dimensiones tanto en un instrumento individual como en el sonido global de la mezcla.

13.6.2 Tono

Una vez se combina la señal original con la del efecto de reverb, se llegan a producir señales de comb-filter, las cuales alteran el tono del instrumento o sonido. Dichas irregularidades tonales contribuyen y son parte de dicho efecto.

13.6.3 Amplitud

Estos ecos que forman la reverb, son distribuidos a través del ancho de la imagen stereo de la señal. Por lo tanto, mediante el uso de la reverb, podremos incrementar aparentemente la amplitud de instrumentos individuales, así como en la globalidad de la mezcla.

13.6.4 Sostenimiento

Siendo los ecos versiones de delay de una señal de entrada, mediante el uso de esta, podemos incrementar el sostenimiento de un sonido seco. Mediante dicho parámetro podremos controlar el sostenimiento de una señal, teniendo en cuenta que este no es igual en todo el rango de frecuencias.

13.6.5 Mezcla/Homogeneidad/Profundidad

Mediante el uso de las reverbs, podremos integrar los sonidos individuales con el resto de la producción, consiguiendo un sonido cohesivo e integrado a cada uno de los elementos o instrumentos de esta. Un sonido sin mucho efecto de reverb, podría ser un sonido justo delante en el plano de mezcla, mientras un sonido demasiado "mojado" en reverberación, podría quedar en un plano más atrás y de fondo en la mezcla. Por lo tanto, estamos hablando en términos de profundidad del sonido.

13.6.6 Mono vs Stereo

Nos podemos encontrar en casos en los cuales a veces queremos emplear una reverberación sin que esta nos ocupe demasiado espacio de la imagen del plano estéreo de la mezcla. Incluso enviando una pista mono la cual está la tenemos posicionada en un lado del panorama, la señal que entra en la unidad de efectos, la combinará y realizará una mezcla de la señal, sin diferenciar la posición del panorama de esta.

Un ejemplo sobre cuando esto nos puede ser útil es cuando tenemos un instrumento que queremos desplazar fuera del centro, pero le molesta que no haya nada más en el arreglo para equilibrarlo en el otro lado de la imagen estéreo. En una situación así, una solución es la de enviar una señal mono a la unidad de reverberación, pero el efecto de paneo regresa al lado opuesto de la imagen. Una de las ventajas de hacer esto, en lugar de utilizar una reverberación estéreo, es que de esta manera podemos mantener limpio el centro de la mezcla, lo cual esto nos ayuda en mantener con la claridad los instrumentos y voces principales centralmente panoramizadas. La otra gran razón por la que podría querer usar una reverberación mono es que, inevitablemente, suena menos como un espacio acústico natural, por lo que no empujará los instrumentos hacia atrás en la mezcla con tanta fuerza. Por lo tanto, la reverberación mono es ideal para realzar el sostenido o el tono de una pista vocal o un instrumento seco, pero sin posicionar este en un plano demasiado distante del oyente.

13.7 DELAYS

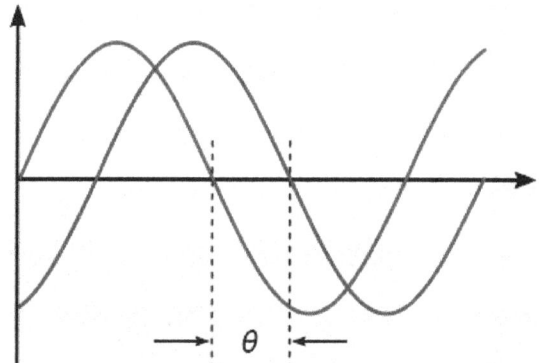

Mediante el uso de Delays, podemos crear efectos especiales, así como dar amplitud a los instrumentos, pudiendo estar a la vez estos secos y en el plano principal de la mezcla. En la mayoría de los casos se suelen utilizar delays cortos (entre 10-30ms) para dar amplitud, pero sin ser estos a penas escuchados. Se suelen emplear de dicha manera, tanto en voces, guitarras, baterías o cualquier otro instrumento. Podemos pensar mediante el uso de delays, de tal manera como si añadiésemos "notas fantasmas" para añadir un mayor Groove. Es interesante el que experimentemos con las notas de Delay, así como saber en qué situación usar este, y no insertar este ajustado de cualquier manera. Tenemos que saber si este es para dar mayor amplitud, excitamiento o resaltar el Groove de un kit de batería o cualquier otra razón de uso.

Los principales parámetros de ajuste los cuales necesitamos saber son:

1. Note Value: El cual nos permite cambiar entre notas de 1/1 hasta 1/32.

2. Feedback: Parámetro el cual nos permite crear repeticiones.

3. Low /High-pass filter: Mediante estos, podemos recortar los graves o agudos del efecto y permitir ocultar el sonido de este sin que nos distraiga demasiado su sonido.

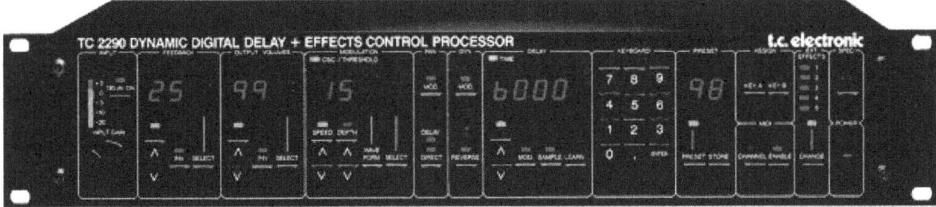

Figura 13.3. TC 2290 Dynamic Digital Delay

13.8 DISTORSIÓN (CARÁCTER)

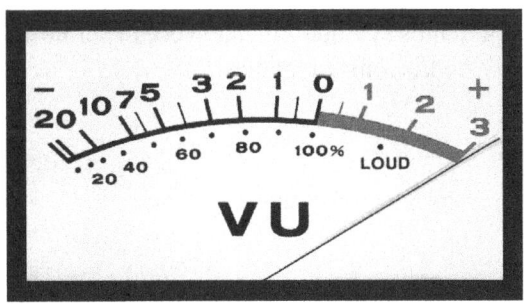

La distorsión nos puede dar calidez, claridad o generar ruido, siendo esta empleada con sutilidad y cautela, esta puede ser uno de los efectos más versátiles de nuestras herramientas.

Pudiendo ser esta descrita como cualquier cambio producido en una forma de onda, un cambio de amplitud de esta, podría ser ya una de alguna forma, una distorsión. Lo mismo que lo es una ecualización, la cual es un cambio de amplitud sobre determinadas frecuencias. Solemos asociar esta cuando pasamos la señal mediante un dispositivo no lineal como un amplificador de válvulas o un preamplificador saturador de señal. A pesar que en ambos procesos estamos modificando también la amplitud, también estamos añadiendo nuevos armónicos relacionados musicalmente de alguna manera con la señal original. Debemos de evitar la distorsión en grabaciones acústicas en las cuales se precise de limpieza en el sonido. Existen muchos diferentes tipos de unidades de distorsión como Amplificadores, ecualizadores, compresores, simuladores de amplificadores, plugins, etc. también podemos realizar reamping y utilizar equipos reales como amplificadores de guitarra, pedales o compresores de outboard. No existiendo el "correcto", no nos quedará otra que el experimentar en cada situación o mezcla lo que mejor nos funcione para cada elemento de esta. Estos son algunos de los usos y beneficios al emplear la distorsión:

1. Calidez en la mezcla

2. Detalle y claridad en las líneas de bajo

3. Detalle en las líneas de Sintetizadores y señales de D.I

4. "Glue" en los distintos samplers que intervienen en mezcla

5. Potenciar una señal de voz débil

6. Aéreos y micrófonos de ambiente de baterías

Es recomendable el escuchar mediante auriculares cuando apliquemos está en determinados instrumentos, ya que muchas veces esta no resulta apreciable en nuestros monitores de estudio convencionales.

13.9 COMPRESIÓN

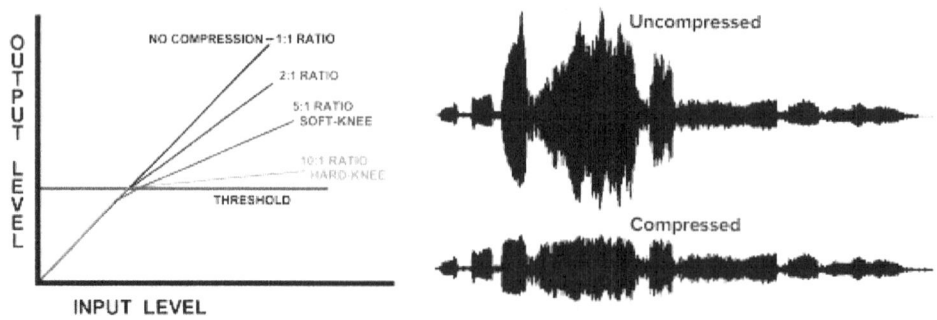

Es una de los equipos más empleados, pero también el que curiosamente más erróneamente se emplea cuando se hace sin saber muy bien el propósito y objetivo del uso de estos. Hay que pensar en este como un factor de control de tiempo en cuanto a cómo se comporta un compresor. Hablamos siempre de tiempo constante. En la década de 1930, se propuso la compresión de rango dinámico para aumentar el nivel de partes silenciosas del habla para su posterior transmisión a través de una línea telefónica. Desde entonces, una variedad de topologías y diseños de compresores han evolucionado y están en uso bastante amplio en la actualidad. Además de las situaciones en las que la compresión se utiliza para llevar pasajes más suaves por encima del ruido de fondo, la compresión de rango dinámico también se usa ampliamente en la industria de la grabación para mejorar la estética de las señales de audio. Muchos compresores de rango dinámico contemporáneos derivan efectivamente su medida de nivel de sonido calculando primero el cuadrado de la señal de entrada.

Suelo considerar un compresor más como un recurso y como herramienta de trabajo que como algo con lo cual no podría vivir sin el a la hora de trabajar en una mezcla. A pesar que hoy en día en las estaciones de trabajo de los DAW, podemos insertar casi tantos como nuestro equipo aguante, años atrás en la época del mundo analógico no se disponían de demasiados, alrededor del estudio. Estos se empleaban durante el proceso de grabación, para conseguir de esa manera el objetivo deseado ya como base en la propia captura (Hay que recordar que los procesos de mezcla se realizaban de manera más rápida sin tener estos la relevancia la cual dispone hoy en día dicho proceso).

Dejando de banda el eterno debate que, si la compresión se debe usarse como práctica habitual o no, un compresor al fin, no es más que otra herramienta de trabajo la cual dado su idiosincrasia y comportamiento nos permite controlar la dinámica de una señal. No importa qué compresor utilicemos la elección de configuración es fundamental para mantener la transparencia. Establece la relación en mediante algo suave como 2: 1 o 3: 1, encuentra los lugares en la pista donde la parte salta y establece el umbral para que el compresor atrape solo a los ofensores de mayor volumen. Usa un ajuste suave en el ataque y ajústalo a uno lento de 40 a 70 ms para que el compresor no reprima la señal inmediatamente. Si estás utilizando un plugin, automatiza el umbral para que sea más alto que el nivel promedio de la pista, pero más bajo que los picos dramáticos. Como alternativa a la compresión, la conducción aumenta durante la mezcla mediante el uso de la automatización. Con solo tomar notas que sobresalgan, puedes evitar introducir la firma sónica equipo de outboard externo o la de un plugin adicional o dispositivo en la pista general.

13.9.1 Algunos tipos de comportamiento de los compresores

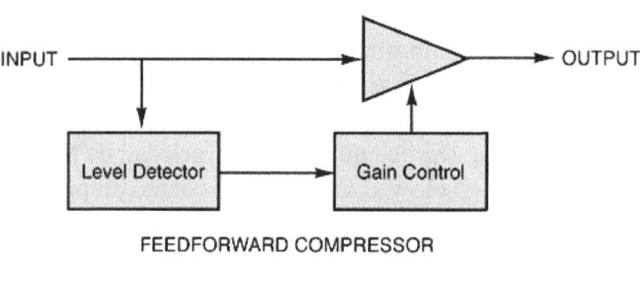

FEEDFORWARD COMPRESSOR

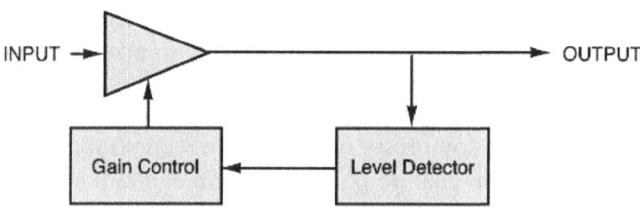

FEEDBACK COMPRESSOR

Vamos a centrarnos en los VCA, ya que es el más popular, sabiendo que existen otros modelos y comportamientos como los opto, FET, los Vari-mu o Delta-Mu (válvulas) o los pulse Width Modulation (PWM) Compressors.

Todos los compresores tienen un circuito detector (normalmente otro VCA) que le dice al VCA, lo que está haciendo la compresión para ajustar el nivel. Esta parte del compresor se conoce como la "side-chain". Este circuito obtiene su entrada de uno de dos lugares: normalmente, una simple división de la señal de audio que se está procesando, o, a veces, una fuente externa que puedes elegir. (Irónicamente, es el último de estos los que la mayoría de las personas asocian con el término "side-chain"). Si el detector aparece antes del VCA, entonces tenemos un sistema feed-forward. Como habrás adivinado, un sistema de feedback compressor tendría el detector después del VCA que está realizando la compresión.

13.9.2 Feedback compressor

Como comentaba sobre este anteriormente, este es un tipo de compresor de señal de audio donde el detector mira la señal de salida en lugar de la señal de entrada. La principal ventaja del estilo de compresión de "retroalimentación" es que el detector pasa la mayor parte de su tiempo reaccionando a una señal que ya ha sido comprimida, lo que lleva a una compresión más suave y menos sobrecompresión.

La desventaja es que los tiempos de ataque y liberación son menos precisos, y en el dominio digital, el tiempo de ataque más rápido posible puede ser infinitamente más lento que en un feed-forward. Quizás nos podamos preguntar sabiendo dicho comportamiento.

Compression Systems

Feedback Design

There are two paths for the audio signal: a programme path and a control path or 'side-chain'.
The audio signal at the input to the compressor passes through a variable gain amplifier to the output.
The gain of this amplifier depends on the control signal from the side-chain and its operational control adjustments.

Compression

¿Cómo podría comprimirse una señal con una señal ya comprimida? sí, obedeciendo las leyes de la física.

¿Tal compresión no resultaría en un tiempo de ataque más lento por lo menos, uno con sujeción severamente audible? y, aun así, tenemos el Urei 1176 como modelo de compresor de "realimentación" capaz de un tiempo de ataque muy rápido. Resulta que esto no es un problema, ya que tú música, en el mundo eléctrico, se divide instantáneamente entre la ruta del detector y la ruta de salida audible.

Si sabemos esto sobre la naturaleza básica de los compresores, podemos tomar una decisión mejor informada sobre qué herramienta es la más adecuada para la tarea en cuestión.

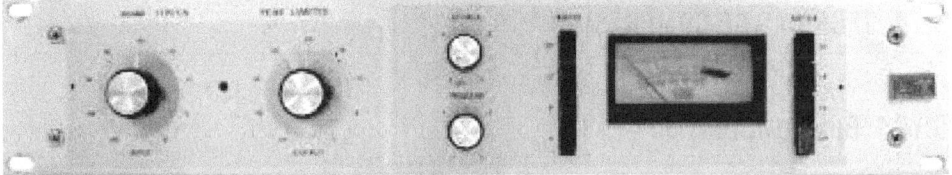

Figura 13.4. El Universal Audio 1176 es un ejemplo de un compresor de realimentación (feedback)

13.9.3 Feed-Forward compressor

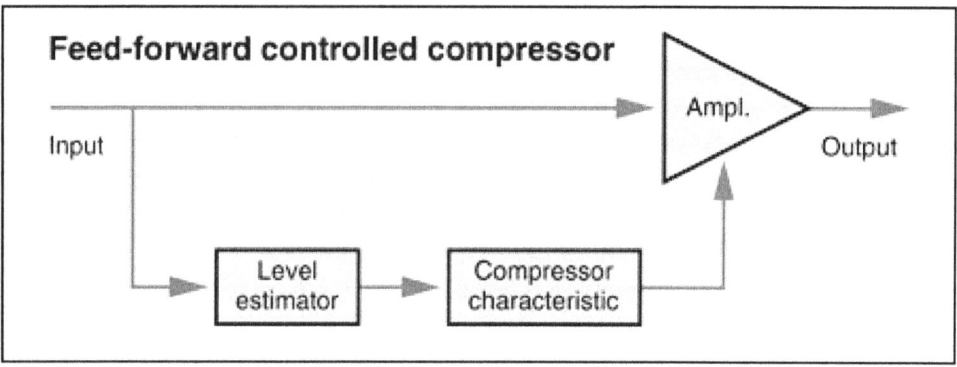

Si el detector aparece antes del VCA, entonces tenemos un sistema de avance (Freed-Forward). Como habrás adivinado, un sistema de retroalimentación tendría el detector después del VCA que está haciendo la compresión.

Si queremos realmente controlar una señal o colocarla nuevamente en la mezcla, generalmente queremos un diseño rápido y avanzado que pueda igualar el ataque, acercándolo al nivel del sustain, lo que hace que la pista se sienta como está más atrás en la mezcla. Sin embargo, el problema con el diseño Feed-Forward es que el detector no puede "escuchar" la salida del circuito del compresor que controla, lo que podría provocar un comportamiento errático y una compresión excesiva.

Básicamente, la principal ventaja del estilo de compresión de realimentación es que el detector pasa la mayor parte de su tiempo reaccionando a una señal que ya ha sido comprimida, lo que lleva a una compresión más suave y menos sobrecompresión. La desventaja es que los tiempos de ataque y liberación son menos precisos, y en el dominio digital, el tiempo de ataque más rápido posible puede ser infinitamente más lento que en un compresor de avance. Si sabemos esto sobre la naturaleza básica de los compresores, podemos tomar una decisión mejor informada sobre qué herramienta es la más adecuada para la tarea en cuestión.

13.10 TÉCNICAS DE COMPRESIÓN

13.10.1 Bus Compression

Un bus es un punto en su flujo de señal donde varias entradas se combinan en una sola salida. En Ableton, estos se denominan grupos, pero en la mayoría de las demás DAW se denominan buses. Es posible aplicar plugins a sus buses o ejecutarlos a través de hardware analógico. Al aplicar la compresión a sus buses, de hecho, está aplicando la compresión de buses. El objetivo de aplicar la compresión de bus es "pegar" y otorgar coherencia los elementos individuales de los buses. Por lo general, aplicar una compresión suave con una proporción de 2: 1 es suficiente para que los elementos de sus autobuses se sientan como si estuvieran sentados juntos. Al acortar el rango dinámico de un bus, se percibe que los elementos dentro del bus comparten el mismo espacio, incluso si su oyente no puede ubicar su dedo en el razonamiento y entendimiento que hay detrás de esto.

13.10.2 Compresión Paralela/New York

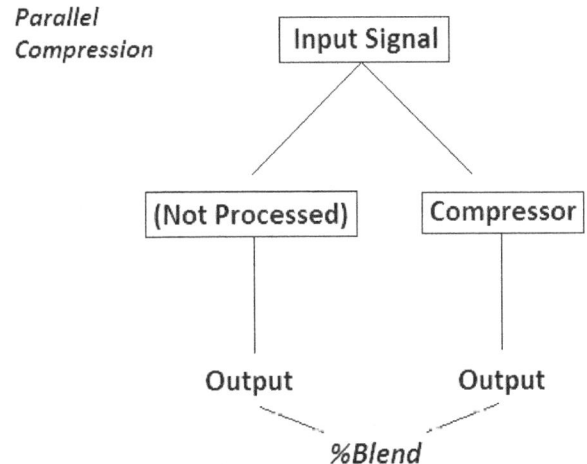

La compresión paralela es ampliamente utilizada para las baterías, de ahí proviene el nombre como también se conoce a esta técnica 'truco de batería de Nueva York' por el amplio uso que le dieron los ingenieros de sonido de esta ciudad americana. Esta es una técnica mediante la cual usted usa el compresor como un efecto de envío, de modo que las señales secas y comprimidas se ejecutan en paralelo, tal y como podemos ver en la foto de arriba. Normalmente lo lograría tomando la pista de origen y luego utilizando un control de envío auxiliar para "enviar" parte de la señal a otro canal con su compresor. Luego, puede canalizar tanto la fuente como los canales comprimidos a un canal de grupo. En un DAW moderno, podría lograr algo similar duplicando o multiplicando una misma pista, pero mediante los envíos, sabremos que estamos trabajando desde la misma fuente de audio a pesar de las ediciones que podamos haber hecho.

Cada vez más, los nuevos diseños de compresores incluyen un control de mezcla dry / wet, que evita todo este enrutamiento y le permite realizar una compresión paralela en un solo canal. Sin embargo, puede o no procesar la versión comprimida de manera diferente a la versión seca, y un simple control de dry/wet no nos permite hacer esto.

El efecto puede ayudar a mantener una parte sólida y "anclada' en la mezcla" al mismo tiempo que conserva parte de la dinámica del original, y puede determinar fácilmente cuán dinámica es la parte en diferentes secciones de la canción al equilibrar los dos faders de canal. Una extensión común a este truco es poner un ecualizador con una curva suave de medios tipo "smile". Ingenieros como Michael Brauer emplean también esta técnica para las voces, empleando un gran número de buses, la cual técnica es llamada como "Brauerizing."

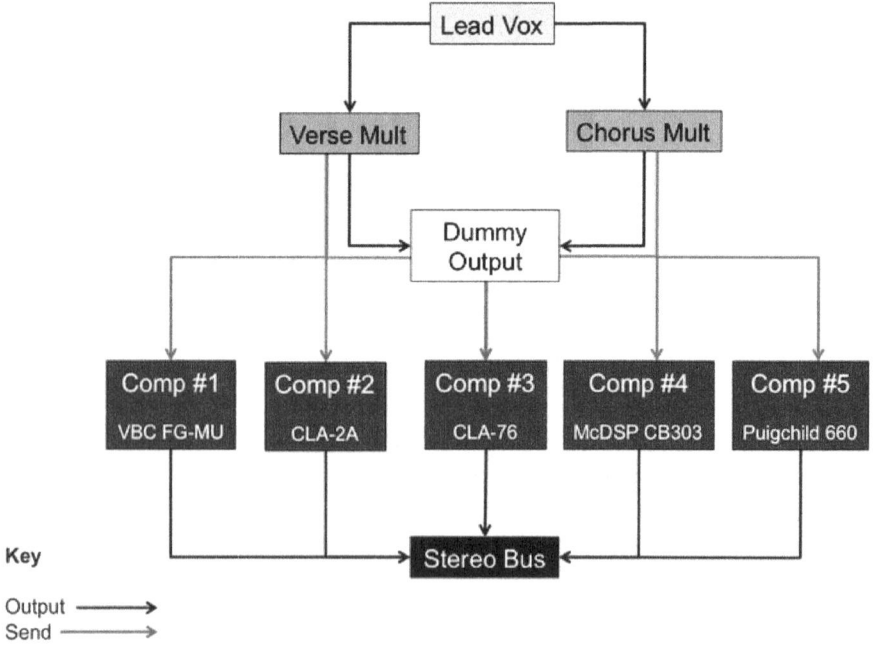

Figura 13.5. Un ejemplo de la técnica de compresión paralela multi bus empleada en las voces

13.10.3 Compresión en serie

La compresión en serie se produce cuando se usan varios compresores seguidos, uno tras otro. De esta manera se puede obtener un sonido más natural al aplicar una compresión ligera con múltiples compresores de lo que lo haría al aplicar una compresión más pesada con empleando un solo compresor. Es posible que hayas visto a varios profesionales el usar múltiples limitadores su cadena personal de los buses del audio. Parece que un limitador debería ser suficiente, ¿no? Pero en cuanto a los beneficios sónicos, se suelen obtener mejores resultados al usar múltiples limitadores en serie que solo un compresor por sí solo, incluso empleando exactamente unos mismos compresores/limitadores. Ajustados estos de manera moderada, el resultado final es el de un sonido más natural que so lo hiciéramos empleando tan solo una unidad. Si realizamos un plano de comparación A/B podéis sacaros de cualquier tipo de duda ante ello.

13.10.4 Compresión Sidechain

Cada vez en las mezclas hay más pistas de todo, más pistas de baterías, más bajos, más de guitarras, más de voces, ¡más de todo! Claramente, sin embargo, tan solo se dispone de un determinado espacio para una combinación de tanta información, de esta manera no es posible el mejorar este al añadir más instrumentos. La única manera, de hecho, de hacer que los elementos más importantes de una mezcla se destaquen es rechazar algo menos importante para hacer espacio.

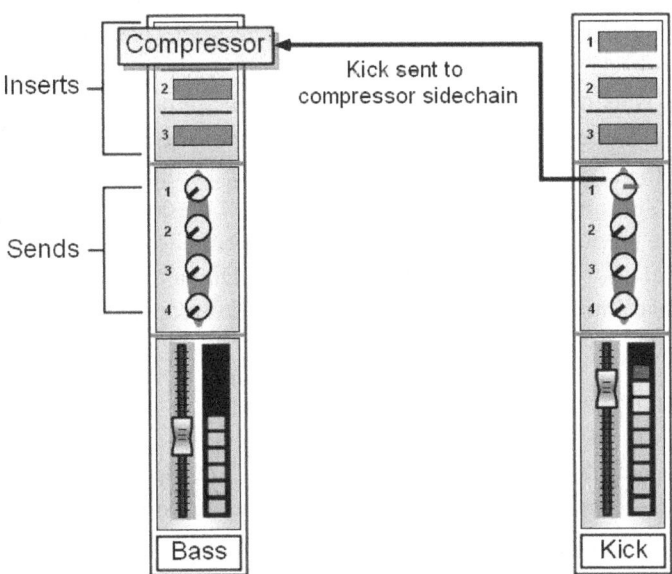

Describiéndolo de forma breve, encadenamiento lateral externo (side-chain) significa usar un sonido para modificar otro sonido. Con la compresión de la cadena lateral externa, podemos utilizar una señal para comprimir el nivel de una señal diferente. La señal externa enviada a la cadena lateral es la señal de control (No hay que confundir ello con la cadena lateral interna). Todos los compresores en su diseño tienen un 'circuito' de cadena lateral interna (la ruta dividida donde se detecta el nivel de la señal). Un compresor ajustado a la cadena lateral externa comprimirá la señal en la que se inserta por el nivel de la señal externa que se le envía. Esta técnica tiene muchos usos y se ha convertido en una herramienta esencial para mezclar música moderna (especialmente la música electrónica o Dance).

13.10.5 "Ducking Technique"

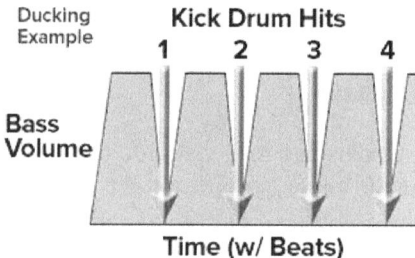

Esta es otra técnica empleada como efecto de envío de cadena lateral, un ejemplo de esta técnica seria para las voces / guitarras, el objetivo de ello básicamente es el de poder rechazar las guitarras en respuesta a las voces y dar mayor plano estas. Mediante el envío de las guitarras a través del compresor y luego enviar una señal vocal a las entradas de cadena lateral del procesador para activar la reducción de ganancia cada vez que el vocalista está cantando. A pesar que hay un procesador de dinámica destinado para este fin llamado "Ducker", podemos emplear dicha técnica mediante el uso de un compresor convencional en el caso que no dispongamos en nuestro DAW de un plugin específico para tal fin, capacitado con la función de efecto de cadena lateral podremos conseguir dicho efecto. Dicha técnica se puede emplear también para instrumentos como el bombo, efectos de retorno de efectos etc.

13.11 "BRAUERIZE"

Es la técnica de compresión de múltiples buses de Brauer, por la cual Michael ha registrado el término 'Brauerize'. Brauer crea cuatro steams para enviar la batería, el bajo, la guitarra, las teclas, las voces y otras partes del arreglo a diferentes compresores. Estos buses A, B, C y D aparecen en la sección central de su SSL

J9000, y van directamente al amplificador sumador para la mezcla a estéreo, con el compresor estéreo final apenas actuando, y una compresión relativamente pequeña empleada en canales individuales. *"Hay que entender que este estilo de mezcla es 180 grados diferente al enfoque regular"*, explica Brauer. *"En el enfoque normal, todo está ya comprimido cuando subes tus faders, por lo que te estás mezclando con la compresión pre-fader, pero en mi enfoque te estás mezclando con compresión, es decir, después de la compresión, y sabe cómo utilizar su mezcla en el punto óptimo, es genial. Es fundamental, por supuesto, que primero calibres tus compresores A, B, C, D: En este momento, los cuatro subequipos de sonido son: **A**, Neve 33609 hacia a un ecualizador Pultec P1A3S; **B** Empiric Labs Distressor entrando a un ecualizador Avalon E55; **C,** Pendulum ES8 limitador de válvulas; **D** TF Pro Edward The Compressor P8 "*.

Brauer comenzó a desarrollar su método de compresión de múltiples buses en 1985, al mezclar el mega éxito de Aretha Franklin 'Freeway to Love' de su Who's Zoomin 'Who? El álbum, que fue producido por Narada Michael Walden. "Michael quería más final, y ya estaba mezclando justo en el borde de lo que podía hacer la consola, golpeando el punto óptimo.

"No pude ir más lejos. Cuando agregué más graves, el compresor estéreo se volvió loco y la voz bajó. Pero si bajaba la compresión, el nivel era demasiado alto. Fue una de estas situaciones en las que sentí que no tenía más opciones, ya que todo estaba basado en este compresor estéreo final. Era un sentimiento que nunca quise repetir. Tenía que averiguar cómo asegurarme que, si tuviera un gran sonido en el bajo, agregar otro instrumento no destruyera la compresión. Ese era el objetivo. En

ese momento, estaba trabajando en Right Track en Nueva York, y tenían una nueva consola, la SSL 6000, que tenía un bus A, B y un C. Pronto me di cuenta que estos tres buses estéreo me permitían separar la compresión para diferentes instrumentos. Afuera. "Mucho de lo que estaba haciendo era sobre la sensación. Me enamoré del sonido de los compresores. No estaban necesariamente comprimidos, era solo el sonido de ellos. Muy a menudo usaba los compresores como ecualizador. El ochenta por ciento de mis compresores se usan estrictamente para el tono. También descubrí rápidamente que podía obtener dinámicas adicionales y que el disco bombeara de una forma muy natural. Sonaba grande porque no había ningún compresor estéreo que lo sujetara todo al final. Dinámica interna entre batería y guitarra, o voz y bajo. Era casi como tener una contrapresión en marcha. Cada compresor tiene una cierta sensación asociada, y a medida que mi colección de compresores crecía, tenía más tipos de sensaciones disponibles para mí."

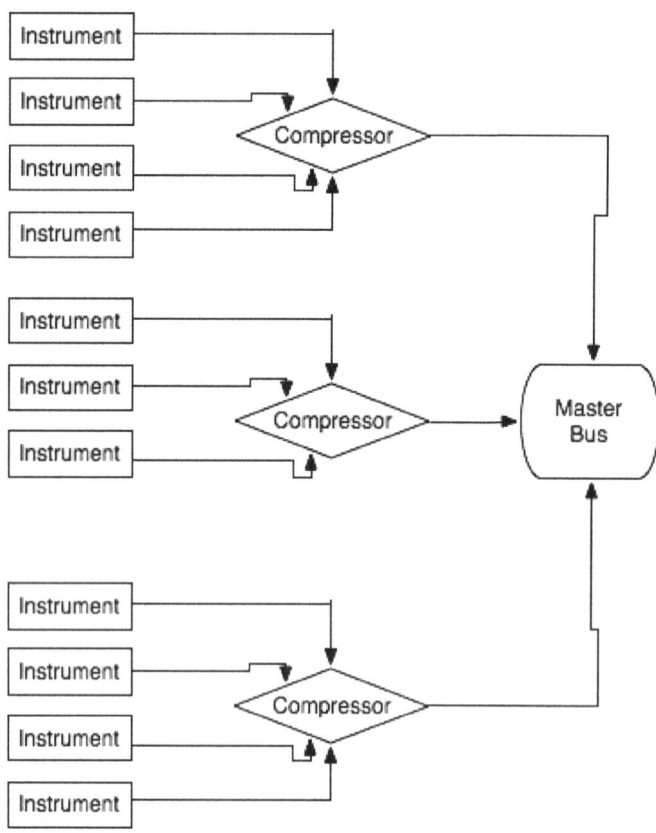

Figura 13.6. Método de compresión de Michael Brauer

Brauer siguió desarrollando su método de múltiples buses, probando varios compresores y ecualizadores diferentes en cada bus en el camino, y moviéndose a un sistema ABCD cuando fue a trabajar con una SSL 8000 en los estudios de Sony Music. Fue aquí donde encontró una forma de asignar los instrumentos que continúan hasta hoy, aunque puede variar según las necesidades de cada mezcla individual. "Asigné B para la sección de ritmo, bajo y batería, C para el centro del disco, generalmente guitarras, A para el extremo superior, voces y teclados, y D fue un extra. Cuando era baterista, era todo sobre la relación entre la batería y el bajo, y de manera similar, la idea era comprimir los grupos que trabajaron juntos ". Además, Brauer también ha incorporado un método de envío / retorno multicanal que aprendió del productor David Kahne. Lo aplicó, por ejemplo, en "Violet Hill" de Coldplay con los cinco compresores en las voces principales, cada uno de ellos regresando a un canal diferente. Brauer: "Tengo 48 salidas de bus en cada canal. Al menos 30 de ellas siempre están asignadas a ciertos efectos, delays y compresores y todos regresan al escritorio. Casi todo lo que hay en mi segundo rack está asignado a esos buses, así que, si en cualquier momento quiero probar una idea, ya está parcheada. Los cinco compresores mono que uso en las voces también se envían desde los autobuses. Controlo a todos aquellos con el fader pequeño que publica el fader grande. Además, tengo seis auxiliares. Aux 1 es un estéreo a la izquierda / derecha en el que tengo dos 1176, entrando en dos faders y luego al bus estéreo; Aux 2 va a un Lexicon 200, a un submezclador, a los canales 45 y 46, al bus estéreo ; Aux 3 va a una reverb PCM81, luego a un submezclador, y también a los faders 45 y 46 y al bus estéreo; Aux 4 cambia mucho entre diferentes reverbs o efectos, y aparece en dos faders antes de ir al bus estéreo; Aux 5 se conecta a un Bricasti M7 o un Sony DRE777, subiendo en dos faders que van al bus estéreo, y Aux 6 va t o el Sony DRE777, un submezclador, faders 45 y 46 y el bus estéreo. "Tengo un millón de opciones, y ese es exactamente el punto. Si una no funciona, intento otra. Sigo presionando los botones hasta que hago '¡Guau!' Al mezclar, busco, busco, busco, hasta que sepa que estoy en el camino correcto. Hoy tenemos quizás 2dB de dinámica para jugar, e incluso eso se reduce a 0.5dB. Este estilo da la impresión que tiene mucha más dinámica de la que realmente tiene. Al mismo tiempo, ya no puedo llamarlo compresión de múltiples buses, porque he incorporado muchos otros estilos, y ahora lo he registrado como Brauerize multi-servicios de compresión de bus"

13.12 ACTIVACIÓN DEL PLUGIN "DELAY COMPENSATION"

Existe siempre un pequeño retardo en la señal ruteada monitoreada en el DAW. Este retraso suele ser relativamente corto, del orden de milisegundos, pero suficiente para afectar negativamente en la fase e incluso en el tiempo musical en algunas circunstancias. Junto con las latencias DAW globales habituales (que afectan a todas las pistas): latencia del convertidor AD / DA, y latencia del procesamiento del (varios milisegundos, determinada por el usuario a través de la configuración de

Buffer): conector individual -En sí mismos también pueden ser una fuente de latencia adicional, y esto podría introducir problemas técnicos y musicales. Un plugin que introduce una latencia adicional solo en la pista en la que está instanciada podría poner esa pista fuera del tiempo en comparación con otras en la disposición; si la latencia fuera lo suficientemente grande, esto podría afectar la sensación de la (s) actuación (s), pero incluso cantidades de latencia mucho más pequeñas aún podrían poner las pistas fuera de fase (como en las grabaciones de varios micrófonos) lo suficiente como para comprometer la calidad del sonido.

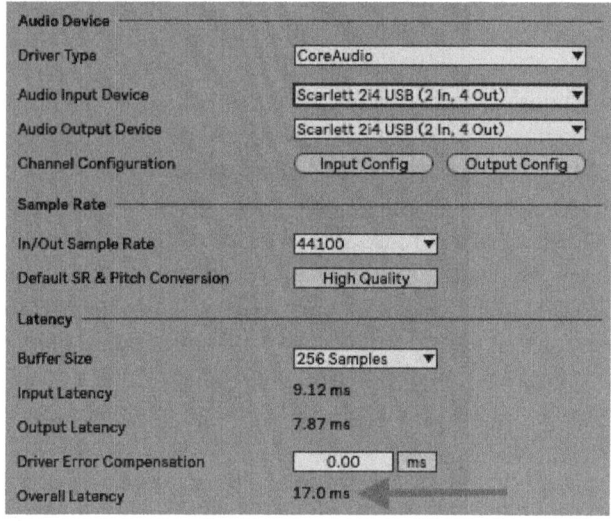

Figura 13.7. Ventana en Ableton Live donde podemos encontrar la inherente latencia introducida por el propio sistema

Incluso cuando la latencia adicional de un plug-in es muy pequeña, demasiado pequeña para ser perceptible en términos de tiempo musical, esta podría introducir el retraso suficiente para causar problemas en algunas situaciones, al poner las pistas fuera de fase. Un buen ejemplo de este escenario podría ser una configuración clásica de compresión paralela como en los casos donde hemos estado hablando anteriormente, donde, digamos, una pista de batería se duplica en una segunda pista de audio, o se rutea a través de un envío a través de un Auxiliar, y el duplicado o Auxiliar tiene una latencia -compresor de compresor aplicado, con las versiones comprimidas y sin comprimir mezcladas al gusto.

Afortunadamente disponemos en la actualidad de plugins los cuales compensan inteligentemente la latencia inherente existente entre las señales. Plugins como Waves especifican con detalle en cada uno de ellos, los tiempos de retardo introducidos, en la antigüedad antes que existieran dichos plugins, esto era a algo que había que realizar manualmente.

14

AUTOMATIZACIÓN

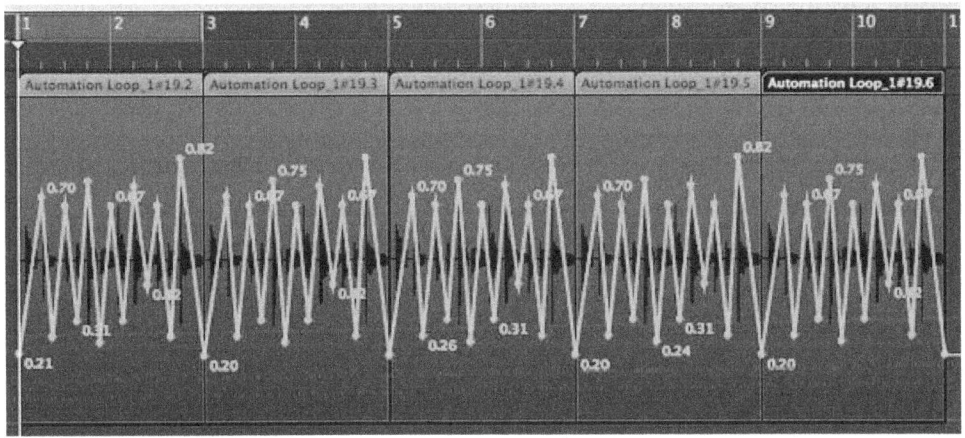

Muchas veces, aun cuando creemos que estamos ya alcanzando el final de nuestras mezclas, notamos que está aún no acaba de sonar como a nosotros nos gustaría, quizás esta resulta demasiado estática o carente de movimiento e interés ante una carencia de interacción entre los distintos elementos de la mezcla. Es durante la etapa final de mezcla cuando el uso de la automatización nos puede beneficiar a hilar fino y alcanzar casi el imposible estado de "perfección" de una mezcla.

Durante el proceso de automatización, podemos ajustar todos los parámetros de la línea de tiempo de una mezcla, así como muchos elementos de esta. La mayoría de veces esta se emplea en el volumen, así como en los efectos. En los tiempos de grabación mediante multipistas de cinta, las mezclas se realizaban empleando a más de un ingeniero, incluso eran los propios músicos los que a tiempo real realizaban los ajustes de volumen mediante los faders, así como el envío de efectos en un determinado y preciso tiempo de una canción. En la actualidad los DAW son realmente una extensión de esas ideas y conceptos empleados durante las mezclas en cinta, pero esta nos ofrece muchas más posibilidades. Muchas veces en las mezclas profesionales, el automatizar un Db o dos Db´s en un momento crítico de un pasaje, es mucho más limpio y preciso que el ajustar el nivel del treshold del compresor por el hecho de tener que corregir un momentáneo pico de un pasaje.

14.1 COMO ESCRIBIR UNA AUTOMATIZACIÓN

La manera más simple y eficaz de escribir una automatización es la de copiar como esto se realizaba en los tiempos de la era analógica. Si disponemos de un controlador de faders de nuestro sistema del DAW, activa el modo Write, Touch o Latch en las pistas en las cuales deseamos realizar los ajustes y haz los ajustes a tiempo real mediante los faders durante la reproducción. De esta manera el DAW grabará los cambios realizados en la línea de tiempo. Si por de lo contrario no disponemos de un controlador, podemos de igual manera emplear dicha técnica mediante el movimiento del fader con el ratón de nuestro ordenador. Labor la cual puede resultar algo laboriosa a no ser que seamos un completo experto en el dominio de este. Dicho método produce un punto de interrupción en cada ejemplo de cambio. Cuanto más dinámicos resulten los cambios de automatización, más puntos de automatización se verán reflejados en la línea de tiempo de automatización.

Estos son algunos de los datos y funciones las cuales podemos grabar mediante la función de automatización de nuestro DAW:

- Cambios de tempo en determinados puntos de un pasaje
- El rate y feedback de cualquier efecto basado en tiempo
- La profundidad, la mezcla entre Dry/Wet de la modulación de un efecto.
- Barridos frecuenciales de un filtro de resonancia, así como la frecuencia de corte de este.

14.2 MODOS DE AUTOMATIZACIÓN

- **Auto Off:** Realiza un bypass de la automatización
- **Autoread:** Es el modo standard para la reproducción de los datos de automatización. Ninguna automatización será grabada mediante el fader, pero la pista leerá cualquier información la cual fue previamente escrita.

▶ **Auto Touch:** Cambia a automatización de datos, no grabando nada hasta que el fader es movido. Una vez paramos de mover el fader, la pista volverá a leer los datos los cuales han sido escritos.

▶ **Auto Latch**: Similar a "Touch mode", aunque en este caso cuando se pare de mover el fader, la automatización continuará grabando como la última posición y sobrescribiendo los anteriores datos grabados.

▶ **Auto Write:** Todos los cambios de la posición del fader serán grabados y los previos datos de automatización serán sobre escritos. Normalmente esta es la modalidad mediante cual se realizan los primeros ajustes de automatización. Asegúrate de cambiar una de las otras modalidades después de haber grabados datos en esta modalidad. Si no es así, cada vez que apretes al botón de play en la función del transporte, los datos serán sobrescritos.

Figura 14.8. SIMPLE WAY Mic Preamp

15

MONITORES

15.1 LA ELECCIÓN DE LOS MONITORES

Existen infinidad de marcas y modelos de estos, pero realmente importa menos la marca o modelo que el conocer como suenan estos en nuestra sala.

15.1.1 Activos vs pasivos

En el mercado de monitores de gama media como alta, no hay duda que los modelos activos ofrecen ventajas significativas sobre los diseños pasivos, como amplificadores de potencia optimizados para cada transductor (driver), así como dedicados circuitos de protección de este, conexiones cortas y directas entre amplificadores y transductores más complejos, crossovers más precisos y una serie de componentes exclusivos para una mejora en el rendimiento de ambos componentes.

El problema viene a la hora de adquirir unos monitores activos de precio más asequible. Ya que se podría generalizar que casi todos los modelos reducen la calidad de sus componentes mediante amplificadores y fuentes de potencia de baja calidad. Los altavoces activos vienen en dos formas: monitores "true active", los cuales tienen un amplificador separado para cada transductor y monitores "activos", que tienen un solo amplificador incorporado en el recinto del altavoz, alimentando a ambos conductores a través de un crossover pasivo normal. En los ejemplos de este último, a menudo obtiene un mejor amplificador porque solo se paga por un amplificador y no por dos (o tres, en el caso de un verdadero monitor de tres vías activo), al tiempo que conserva las ventajas de tener un paquete integrado con cables de altavoz internos muy cortos en los recorridos de señal. En el caso de un altavoz bidireccional bien diseñado, un crossover pasivo puede ofrecer excelentes resultados y, a menudo, hay poca ventaja de calidad, si es que la hay, de emplear un crossover activo complejo de nivel de línea.

Otro Hándicap de los modelos activos es que, si el día de mañana queremos realizar un "upgrade" de los componentes, deberemos de cambiar tanto los altavoces como todos sus componentes integrados. Cosa que no ocurre con los monitores pasivos, donde podemos cambiar de altavoz o amplificación sin la necesidad de tener que cambiar ambos componentes, Siendo por lo tanto estos mucho más flexibles en ello.

Otra de las ventajas de algunos de los modelos de monitores activos es que en la mayoría de estos podemos modificar el punto de cruce del crossover, adaptando este a la respuesta acústica de nuestro control. Algo que se debe de realizar con consciencia de lo que hacemos.

En el caso desplazarnos continuamente y tener que estar siempre montando un estudio de grabación circunstancial para las grabaciones o mezclas que realicemos, unos monitores activos de gama media siempre nos serán e mayor utilidad por su tamaño e integración de la etapa en los propios altavoces con un "todo en uno".

Una manera inteligente y más asequible es la de adquirir unos altavoces de calidad pasivos, donde podemos encontrar muchos de estos en el mercado de segunda mano y una etapa de una calidad menor como punto de partida, y más tarde adquirir un preamplificador de mayor calidad. En al caso que el presupuesto no sea un problema, la adquisición de unos altavoces activos de alta gama con componentes activos dedicados va a ser siempre una buena elección también.

15.1.2 Calibración de los altavoces

En nuestro estudio, es importante el monitorear siempre a un mismo volumen: Encontrando un nivel de volumen bajo que funcione y el cual nos permita escuchar durante largos períodos de tiempo y sin llegar a fatigar el oído, trabajando siempre bajo a un nivel moderado de volumen. Existe una manera muy fácil y asequible de calibrar nuestros monitores, así como nuestro nivel de escucha. Estos serían los sencillos pasos a seguir:

1. Si estás calibrando con los controles de volumen de sus altavoces, bájalos completamente. Si está calibrando mediante la interfaz de audio o controlador de monitor, configura tus altavoces a 0dB y baja completamente el control de volumen de la interfaz / controlador.

2. Abre una sesión en el DAW.

3. Crea un archivo de ruido rosa mono que lea -20dB RMS en el bus master.

4. Coloca tu medidor SPL en la posición de mezcla y establezca su ponderación de frecuencia en "C" con una respuesta lenta.

5. Asegúrate que todos los faders del DAW estén en ganancia de unidad (0dB).

6. Carga el ruido en el DAW y déjalo activo reproduciéndose de forma constante.

7. Desplaza el ruido rosa al altavoz izquierdo.

8. Aumenta lentamente el volumen del altavoz / interfaz de audio / controlador de monitor hasta que llegue a algún punto entre 70dB (para una habitación pequeña) y 85dB (para una habitación grande). No calibres a un nivel superior a 85dB.

9. Marca la posición en el control de volumen.

10. Repite el proceso con el altavoz derecho. Cuando llegues a la posición marcada, el medidor SPL debería leer el mismo nivel que el de la izquierda. Si no, es así ajusta la ganancia del altavoz derecho para que ambos lean el mismo nivel.

15.1.3 La Ley del primer frente de onda

Altavoces L   Altavoces R

Si en los altavoces izquierdo y derecho están preparados físicamente y electrónicamente debidamente calibrados, una imagen "Fantasma" aparecerá en la figura "A" cuando se le aplique una misma señal con una misma amplitud.

Si el altavoz de la izquierda es retrasado tan solo medio milisegundo (cinco diez milésimas de un segundo o 500 microsegundos o unos 15cm más lejos) el sonido parecerá como si este proviniera del lado izquierdo en la ubicación "B". Esto es como podemos localizar fácilmente a alguien que nos hable en un espacio con una acústica muy reflexiva, nuestro mecanismo cerebro-oído se afinará en la primera onda de sonido en una fracción de milésima de segundo. Solo un retraso de diez milisegundos de igual amplitud es suficiente para mantener la localización "B" pero esta será percibida más alta y la imagen tanto tonal como la de sus características aparecerán cambiadas.

Por lo tanto, la calibración de configuración y el control acústico son fundamentales para una reproducción precisa del timbres, señales espaciales, volumen etc.

15.1.4 Auriculares frente a los Altavoces. Pros y contras

Los auriculares son extremadamente prácticos para poder escuchar los más finos detalles. Pero el mezclar exclusivamente a través de estos puede resultar algo difícil debido a que nosotros escuchamos el sonido a través de los auriculares de manera diferente a lo que lo hacemos en una habitación a través de los altavoces. Por ejemplo, en los auriculares tan solo escuchamos el lado izquierdo con el oído izquierdo y el lado derecho mediante el oído derecho. Por lo tanto, cualquier panorama extremo, tan solo lo podemos escuchar con un solo oído, lo cual resulta algo poco natural. Mientras De la mientras cuando nosotros escuchamos a través de los altavoces, también escuchamos las reflexiones provenientes de todo el entorno nuestro lo cual disminuye el impacto del panorama un poco. Al escuchar material en stereo a través de los auriculares falta la información de temporización interaural y por lo tanto las imágenes stereo se vuelven no lineales y están mal definidas. De hecho, la mayoría de la gente percibe las fuentes de sonido individuales se encuentran en una línea que corre directamente a través del centro de la cabeza, en lugar de ser retratadas frente a nosotros como lo harían con los altavoces. Estas diferencias de tiempo asociadas con esta interferencia acústica entre los dos canales y cada oído se encuentran en el núcleo de la ilusión estéreo. Todo esto nos permite percibir imágenes fantasmas entre los altavoces, así como las técnicas de microfonía estéreo o de par coincidente, las cuales emplean las diferencias de nivel entre los dos canales para transmitir la información espacial, dependiendo completamente de esta interferencia acústica para funcionar correctamente.

Otro de los inconvenientes que tenemos al mezclar a través de los auriculares es que no podemos escuchar a través de estos el tiempo necesario para una larga sesión, ya que es muy probable que estos nos provoquen una fatiga auditiva y un cansancio debido al peso de estos. A parte si adquirimos unos auriculares de alta gama, es muy probable que estos suenen muy bien, y ello no nos permita obtener un sonido neutral en el equilibrio frecuencial de la mezcla. Corregir el sonido de las frecuencias de los graves es otra de las dificultades que podemos tener al mezclar mediante los auriculares. Como ventajas también hay que destacar que son muy aptos para las labores de edición, escuchar los "clics" o los "pops" así como los planos de reverbs o demás efectos.

Frecuencia y los niveles de volumen también son percibidos de manera diferente a través de los auriculares. Consecuentemente, resulta difícil saber cómo una mezcla puede sonar en los altavoces escuchando está a través unos auriculares.

15.2 VOLUMEN DE ESCUCHA EN MEZCLA

Cada oído es singular y cada sala de control debido a su propia acústica sumada a la interacción de los monitores, así como la cadena de equipos involucrados en la monitorización tendrán un comportamiento distinto. Todo ello sumado a nuestra individual percepción auditiva serán los factores los cuales determinarán la escucha. Teniendo en cuenta todo esto, a más volumen, obtendremos mayor "color" y reflexiones de la propia sala además de una mayor acentuación en la enfatización de los propios sonidos de los altavoces o los componentes electrónicos de las etapas de potencia. Escuchando más el propio sonido de estos. El oído no es un dispositivo lineal. Si nos fijamos en las curvas Fletcher-Munson las cuales son gráficas basadas en su investigación científica que ilustran cómo nuestros oídos escuchan diferentes frecuencias en diferentes volúmenes.

Existe una diferencia considerable entre la respuesta del oído a diferentes niveles de sonido. La respuesta a los sonidos muy fuertes es mucho más "plana" o más uniforme que la respuesta a los sonidos muy suaves, aunque todavía muestra la mejora prominente de la sensibilidad entre aproximadamente 2000-5000Hz asociada con la resonancia del canal auditivo. Cuando la curva desciende entre 2000-5000Hz, esto implica que se necesita menos intensidad de sonido para que el oído perciba la misma intensidad que un tono de 120dB de 1000Hz. En contraste, el fuerte aumento en la curva para 0 phons a bajas frecuencias muestra que el oído tiene una notable discriminación contra bajas frecuencias para sonidos muy suaves.

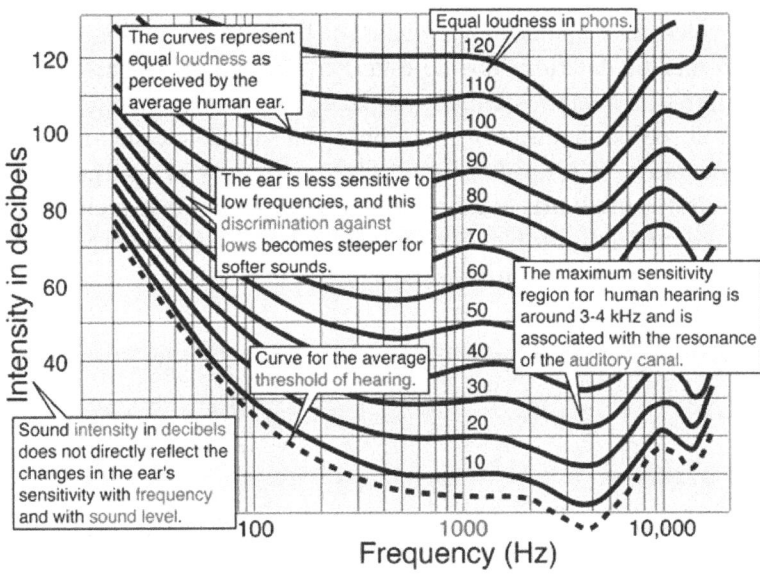

Figura 15.1. Representación gráfica de las curvas isofónicas

Por lo tanto, nuestros oídos son más sensibles a las frecuencias de rango medio (alrededor de 3–4kHz). El aumento de volumen, sin embargo, acentúa frecuencias más bajas y más altas. Esto aplana la curva de escucha, creando una ilusión de más poder y claridad, siendo la razón del porque todo suena mejor a niveles más altos de volumen. Todo lo que mezclemos a niveles altos parecerá que suena increíble, pero solo hasta el momento en el que bajemos el volumen. Entonces podremos darnos verdaderamente cuenta de cómo realmente suena esta, y por lógica esta sonará débil y de rango medio. Por el contrario, si nuestra mezcla suena bien a niveles más bajos, seguirá sonando muy bien cuando subamos el volumen.

Sobre todo, el monitoreo en niveles bajos es especialmente importante si se está mezclando en una habitación no demasiado "perfecta" en términos acústicos. Ya que justo en el momento en el que encendemos nuestros monitores de estudio en una habitación con acústica no agradecida, está también acentuará y excitará por lo tanto a todas las reflexiones indeseables, así como las frecuencias resonantes causantes. Según de las curvas isofónicas de Fletcher and Munson, a partir de unos 85db´s nuestro oído comienza a comprimir como forma de autoprotección. Ese nivel se considerado como el "tope" óptimo de escucha. Ya que, a un mayor volumen, no podremos discernir con claridad el espectro frecuencial del audio debido al comportamiento lineal con el que se comporta físicamente nuestro oído a partir de dichos niveles. De la misma manera, cuando queramos escuchar los graves, habrá que subir el SPL de escucha para poder percibir estos, ya que a bajos volúmenes no vamos a poder apreciar estos. El conmutar y realizar planos de comparativa entre diferentes niveles de volumen, nos ayudará a buscar un equilibrio óptimo en la mezcla en momentos determinados de esta. Pero lo más aconsejable de todo es el mezclar siempre a un mismo volumen, ya que de esta forma tendremos siempre una referencia en el sonido de nuestros monitores y la sala donde siempre mezclamos. **Es muy importante el estar familiarizados y conocer el comportamiento de nuestros monitores mediante el espacio o habitación donde mezclemos, más que el hacerlo mediante unos altavoces quizás de gama más alta, pero a través de un medio acústico desconocido por nosotros.**

Hi-DEF 55 limited edition high definition equaliser

 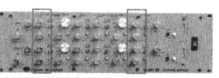 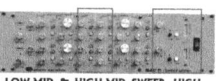

INPUT GAIN, PEAK LED & LOW CUT

Channel 1 and Channel 2 are identical, all upper controls relate to Ch 1 and all lower controls to Ch 2.
The **INPUT GAIN** control provides level adjustment of 20 dB either side of unity gain (central position).
The **INPUT PEAK** led indicates the signal level after the input amplifier and peaks at +10 dBu allowing safe equalisation headroom within the following stages.
The **LOW CUT** control sweeps a steep low frequency cut from outside the audio band at 5 Hz to within at 300 Hz perfect for the removal of sub-sonics, rumble and microphone popping and for "tightening" kick drums and effects.

LOW SWEEP & HIGH SWEEP

These stages control a bell-shaped response at both ends of the audio spectrum.
LOW SWEEP from 35 Hz to 500 Hz with switchable bandwidth is controlled within 36 dB with switchable DETAIL giving $\pm$6 dB for fine tuning.
HIGH SWEEP from 5 kHz to 18 kHz with switchable bandwidth is also controlled within 36 dB with switchable DETAIL also with $\pm$6 dB for fine tuning.

A WORD FROM THE DESIGNER
This EQ is the most advanced system I've designed. It incorporates all the magic that Oram Sonics has provided over the years, from Trident Series 80 and TSM to now, to provide more flexibility than ever before. To sit bell sweeps on top of shelfs whether in boost or cut modes extends the creativity of audio sweetening and intended colouration. This system will, I hope, provide all the features you desire, swept filters, comprehensive metering and in all, great sonic musicality. **Enjoy: JOHN W ORAM XII-1994**
AN EXTRA WORD FROM THE DESIGNER: ....
This version of my now famous HI-EQ 2 "Hi-Def" Equaliser sounds just like the original, the front panel material has changed and that's about it. It's a big "thank you" from me to all our great endorsers and customers for their appreciation of analogue quality and continued support. **JOHN W ORAM X-1999**
AND YET AGAIN: ...... The story continues with John Oram celebrating 55 years in the electronic music industry with the Hi-Def 55. **oram sonics** © **JOHN W ORAM I-2019**

LOW SHELF & HIGH SHELF

These stages control shelving responses at both ends of the audio spectrum.
LOW SHELF with switchable turnover points of 35 Hz, 60 Hz and 200 Hz. Level is controlled within 36 dB with switchable DETAIL giving $\pm$6 dB for fine tuning.
HIGH SHELF with switchable turnover points of 3 kHz, 6 kHz and 20 kHz. Level is controlled with 36 dB with switchable DETAIL giving $\pm$6 dB for fine tuning.

LOW-MID & HIGH-MID SWEEP, HIGH CUT, EQ & FILTER BYPASSES, LEVEL METER AND LINE POWER SWITCH

These stages control bell-shaped responses in the middle of the audio spectrum.
LOW-MID SWEEP from 250 Hz to 2500 Hz with switchable bandwidth is controlled within 36 dB with switchable DETAIL giving $\pm$6 dB for fine tuning.
HIGH-MID SWEEP from 1 kHz to 9 kHz with switchable bandwidth is also controlled within 36 dB with switchable DETAIL also with $\pm$6 dB for fine tuning.
The **HIGH CUT** control sweeps a steep high frequency cut from outside the audio band at 80 kHz to within at 1500 Hz perfect for: the removal of RFI, super-sonics, system hiss and noise optimising band limiting.

16

SUMADORES

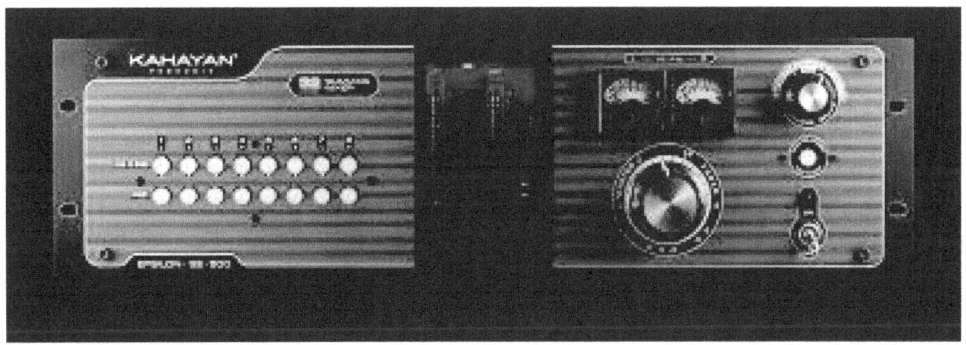

Figura 16.1. Epsilon 32-500 de Kahayan

El concepto de sumar es algo relativamente simple. Cuando se graban y mezclan muchas pistas juntas (ya sea mediante el mezclador o en el ordenador), finalmente se tienen que mezclar todas a través de una sola pista estéreo (salida master) para poder imprimir (o renderizar) un archivo estéreo final. Este proceso de canalizar todas tus pistas se llama suma. Al igual que en matemáticas, cuando sumas cosas, obtienes la suma de esas partes. Originalmente, todo esto tuvo lugar en el dominio analógico, dentro de una mesa de mezclas. Cuando la grabación y la mezcla digitales se estaban convirtiendo en una realidad, las personas se quejaban del sonido de la suma que estaba ocurriendo dentro del ordenador. El argumento es que cuando tomas pistas que son de naturaleza digital y las sumas digitalmente, obtienes una mezcla final inferior. Se dice que la suma digital suena fría, dura y rota.

Entonces, la solución a este problema digital fue sacar pistas individuales (o grupos de pistas) del dominio digital y sumarlas en un mezclador analógico (o, de manera más asequible, un cuadro de suma analógica como el Kahayan Epsilon 32-500 o el Dangerous 2 Buss), y luego tomar esa última señal estéreo analógica volverla a introducir al ordenador como última pista estéreo. Puedes mantener la ventaja de la grabación y mezcla digital en un DAW, pero beneficiarse del "sonido cálido, amplio y dimensional" de la suma analógica. Esta es quizás la idea por la cual los diferentes fabricantes se lanzaron a la carrera en la fabricación de las distintas unidades exclusivas para ser empleadas como sumadores de mezcla.

En la actualidad estamos es un hecho y realidad que los plugins y sistemas digitales suenan cada vez mejor, pero también lo es el que estos no llegan completamente a emular las características tímbricas de los equipos outboard. La mejor de las maneras seria el combinar lo mejor que nos ofrecen estas dos tipologías e integrarlo en nuestro entorno de trabajo, obteniendo de esta manera lo mejor que nos ofrecen ambos mundos, tanto el de los sistemas digitales como el del analógico. **Los tres sistemas más importantes en los actuales entornos de trabajo basados en estaciones DAW son:**

- ▶ Sistema de monitorización
- ▶ Conversores
- ▶ Sumador mediante canales analógicos discretos

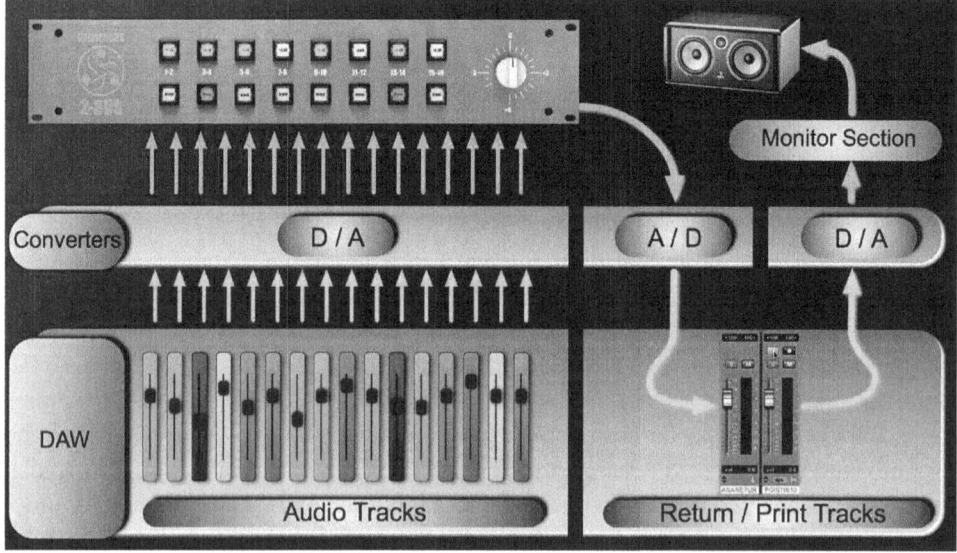

Los sumadores analógicos nos ofrecen un sonido consistente y fuerte, amplio y profundo. Todo ello nos otorga la posibilidad de alcanzar una gran mezcla. A parte de las habilidades técnicas que poseemos, necesitamos de un buen sistema el cual nos ayude a alcanzar y traducir un buen sonido en nuestras mezclas. Ya que solo podemos poner en funcionamiento nuestras habilidades cuando podemos escuchar al detalle lo que está sucediendo. Una buena suma analógica mediante un buen sistema de conversión es lo que verdaderamente nos hace falta.

16.1 ALGUNOS DE LOS BENEFICIOS DE LA SUMA ANALÓGICA

- Pegada
- Claridad
- Separación del estéreo
- Profundidad
- Amplitud
- Dimensión

Existen muchas veces en las cuales, por el beneficio de la propia canción o proyecto en el cual estemos trabajando, el salir "In the box" quizás no resultará demasiado propicio y puede que el mantenernos a 100% dentro del DAW será todo lo que tengamos que hacer para no perder el contexto sónico de la producción con la cual estamos trabajando. Los plugins hace unos años no terminaban de sonar con una cierta calidad aceptable, pero a día de hoy trabajando estos a 64 bits, una gran mayoría de plugins tienen unas cualidades sonoras de muy alta calidad.

Hay dos grandes problemas con este debate acerca de los sumadores analógicos. Primero se convierte en punto de apoyo y excusa para algo que ha sido mal mezclado. De hecho, la suma analógica no mejorará para nada tus malas mezclas. El realizar más mezclas ayudarán a mejorar tus malas mezclas. Necesitas experiencia. Recuerda, no que no hay una barita mágica en la grabación o la mezcla. Si existiera esta, nadie tendría porque aprender este oficio. Todos compraríamos lo que necesitábamos y al instante estaríamos produciendo mezclas profesionales de calidad. En segundo lugar, hay muchos ingenieros de mezcla profesionales por ahí que NO usan sumas analógicas. Estos mezclan íntegramente en la caja (ITB). Tipos como Tchad Blake (Artic Monkeys, Tom Waits, Elvis Costello). Dave Pensado (Christina Aguilera, Beyonce, Justin Timberlake,), o Mark Needham (Chris Isaak, Feelwoodmac), mezclan exclusivamente en la caja (ITB). Sus trabajos ciertamente hablan por sí solos. Al mismo tiempo, algunos otros ingenieros de mezcla conocidos como Fab Dupont (Cyrille Aimée, Wynton Marsalis) o Ryan West (Rihanna, Jay z, Eminem) confían en las sumas analógicas de los sumadores. Dichos ingenieros son increíbles mezcladores y sus trabajos hablan por sí mismos. ¿El punto? La suma analógica no es el denominador común entre todos estos ingenieros de mezcla, lo es su habilidad y experiencia.

Por lo tanto, como cualquier otra de las herramientas las cuales disponemos para llevar a cabo nuestros trabajos, todo es cuestión de saber escoger las más adecuadas según el tipo de sonido, así como los presupuestos y los márgenes de tiempo con los cuales disponemos para realizar estos. De la misma manera saber cuándo tiene algún sentido el que salgamos del entorno digital y recurrir al sonido analógico en beneficio a de la canción o pasaje sonoro será verdaderamente lo más relevante de todo ello.

Ahora que sabes a cerca de este debate sobre la suma analógica respecto a la digital, deberías volver a lo que importa: crear más y mejor música en el estudio. Entonces, ¿qué es lo que debería importarte? El uso adecuado de la estadificación de la ganancia, el ecualizador y la compresión te llevaran mucho más lejos en tu carrera como aspirante a ingeniero de mezclas que la de adquirir una unidad de suma analógico. Ten lo por garantizado.

17

PREPARACIÓN DE LA MEZCLA PARA EL MASTERING

17.1 HEADROOM

Hay que dejar suficiente headroom en el bus master de salida del ingeniero de mastering pueda trabajar sin estar limitado por este. En la actualidad y dada las altas resoluciones en los sistemas digitales, no es necesario en trabajar en las mezclas con altos valores de rms como ocurría en el mundo analógico. Hay que dejar al menos 6db de headroom en nuestros masters de mezcla para que el ingeniero de mastering pueda ofrecernos lo mejor de dicho proceso. En la escala digital dBFS manteniéndonos sobre -20/-16 dBFS y picos no más altos de -6dBFS estaremos moviéndonos en un buen margen. Visualmente y para aquellos que empleen protools como DAW, trabajando sobre la zona verde como RMS y algún pico en zona amarilla de nuestro medidor. (Si estamos llegando a la zona roja, habrá que reparar aquel audio que nos esté dando problemas en la zona de suma de nuestra salida en el bus master).

17.1.1 No comprimir/limitar demasiado la mezcla

Esto es algo lo cual podría ser ampliamente discutido. Ya que nos podemos encontrar con una división entre los distintos profesionales del sector.

17.1.2 Solo de pista de voces/instrumentos

Es importante que comprobemos si existe cualquier tipo de ruido en las pistas de las voces o resto de instrumentos los cuales figuren en un primer plano. Ya que después del mastering, estos se van a escuchar con un mayor volumen. Sobre todo, cualquier posible ruido en los auriculares del cantante, clics, pops y cualquier otro tipo de ruido.

17.1.3 Los graves

Este suele ser uno de los problemas más comunes que se encuentran los ingenieros de mastering a la hora de realizar los trabajos. Ya que, en la actualidad, muchas de las mezclas que se realizan, se suelen mezclar en habitaciones de casas no debidamente tratadas acústicamente o en deficientes sistemas de monitorización. Esto conlleva a que muchas de las mezclas o bien contengan excesivos contenidos de frecuencias graves o, por lo contrario, carezcan de dicho rango frecuencial.

17.1.4 El silbido

Es uno de los principales problemas que suelen aparecer en las mezclas antes de ser entregadas para masterizar. Es donde suele aparecer la aspereza en los sonidos de las voces. Por lo que tendremos que revisar el rango de los 3khz hasta los 8khz para evitar que una vez se masterice, dichas frecuencias no suenen excesivamente pronunciadas.

17.1.5 Espacio de segundos

Es conveniente el dejar unos segundos tanto al comienzo como al final de un pasaje De esta manera el ingeniero de mastering podrá apreciar si existe cualquier posible ruido como hiss, buzz, tono de sala, etc. De esta manera el masterizador podrá aplicar cualquier tipo de reductor de ruido en caso que esto fuera necesario.

17.1.6 Dithering

El Dithering es algo lo cual hay que reservar para que sea el ingeniero de mastering el que decida aplicar este según la conveniencia de cada tema. Por lo que hay que revisar también el que no hayamos aplicado ningún tipo de dither en ninguno de los plugins que tengamos activos en nuestras mezclas.

17.1.7 Función de normalización en el Bounce

Hay que realizar los Bounces masters sin aplicar la función de normalizar. Ya que todo lo relacionado con los niveles de volumen, es una función que deja para que sea el ingeniero de mastering el encargado de aplicar cualquier tipo de limitación o control de la dinámica general de cada pasaje.

17.1.8 Stems

Cada vez más el uso de los Stems se ha extendido a la hora de enviar al masterizador los archivos de audio. Esto consiste en consolidar los diferentes instrumentos en subgrupos de pistas en estéreo. Donde podemos tener diferentes pistas para las baterías, bajo, teclados, guitarras, voces, coros, etc., esto otorga al ingeniero de mastering un excelente control sobre la mezcla a la hora de corregir los posibles problemas surgidos en esta. Esto es un proceso que requiere más involucración a la hora de realizar el mastering.

17.1.9 Discos de referencia

El enviar al ingeniero de mastering cualquier tema que nos guste o del que queramos que nuestra mezcla se aproxime, siempre será de gran ayuda para que el masterizador tenga una referencia en cuanto al tipo de sonido, nivel de mastering, así como nuestra visión musical en el sonido deseado.

17.1.10 Últimos retoques y escuchas externas

Es posible que ya hayamos escuchado la canción tantas veces que ya no estemos seguros de lo que está escuchando, una buena manera de comprobar nuestra mezcla, es la de quemar un CD de prueba, para poder así reproducirlo en tantos sistemas diferentes como sea posible y tomar notas sobre lo que se escuchó. No hay que preocuparse demasiado si este suena más silencioso de nivel respecto a las mezclas comerciales, ya que el aumento de volumen se realiza generalmente en la etapa de masterización, pero sí que hay que de asegurarse que estamos logrando un balance tonal general lo más parecido y por lo tanto satisfactorio. La masterización también puede hacer que el sonido de una mezcla sea un poco más "grueso" y con más de "aire" así que no debemos preocuparnos si estamos un poco por debajo en esto, pero sí que debemos de apuntar a estar lo más cerca posible a ese sonido. Es sumamente recomendable volver a la mezcla después de uno o dos días, realizar cambios de acuerdo con las notas que tomemos y luego repetir el proceso. Si es posible, intenta vivir con la mezcla durante unos días antes que demos esta por finalizada, y debemos de evitar el tratar de hacer una mezcla final después de una sesión ocupada de todo el día.

17.1.11 Mezclas de referencia

Una manera asequible de tener una referencia en nuestras mezclas, es la de realizar planos de comparativas respecto a otras grabaciones comerciales. Muchas veces son los propios artistas los que nos hacen llegar algunos de sus discos favoritos con los cuales pretenden acercarse en sus propias grabaciones en cuanto a sonido de las mezclas. Esto es algo que puede resultar algo frustrante y desalentador, sobre todo cuando han sido los propios músicos los que se han autograbado en sus propios estudios caseros o autoproducido ellos mismos. Ya que puede llegar a resultar muy difícil el acercarse a unas grabaciones las cuales han costado una jugosa cantidad de dinero y donde se ha empleado mucho tiempo en la producción.

De la misma manera el tener como referencia algunas grabaciones las cuales conozcamos, pueden resultarnos de gran utilidad para tener una orientación de la sala en la cual nos encontramos trabajando, así como de los monitores los cuales estamos usando, los beneficios en la selección de pistas de referencia en realidad van mucho más allá de la mezcla. Lo primero, el proceso simple de seleccionar el audio es una excelente formación auditiva y ayuda familiarizarse con las plantillas sonoras de diferentes estilos. Luego está el hecho que inevitablemente uno puede familiarizarse con la forma en que su material de referencia suena en un gran número de sistemas diferentes, y esto significa que puede comenzar a juzgar la nueva escucha entornos en relación con este cuerpo de experiencia: un salvavidas si se trabaja regularmente en distintos y desconocidos estudios de grabación o salas circunstanciales de localización.

17.1.12 Escucha mediante auriculares

Escucha atentamente el principio y el final de cada canción para detectar ruidos extraños y anomalías, y elimina todo lo que no quieras. Cierra los ojos, y usa los auriculares para ello.

Escucha las pistas vocales en modo solo para verificar si hay clics, tics, golpes explosivos, ruidos de la monotorización de los auriculares y otros sonidos que pueden estar enmascarados por el resto de la pista pero que no están destinados a estar en la mezcla. Las voces suelen ser la fuente de la mayoría de los ruidos no deseados en las pistas. Estas cosas no siempre son fácilmente audibles antes de la masterización en el contexto de una mezcla completa cuando el ingeniero de mezclas está ocupado preocupándose por cosas más importantes. Pero, pueden volverse más notorios después del mastering. Esto es algo mucho más fáciles de escuchar en una sala de masterización con poco ruido de fondo y un sistema de reproducción transparente. Y más aún cuando como bien sabemos, tras aplicar los pertinentes procesos de masterización, el volumen de los pasajes se incrementan de manera considerable.

Por lo tanto, el realizar una sesión de escucha más analítica por separado mediante auriculares, antes de enviar a masterizar, puede ser algo muy beneficioso para detectar posibles ruidos o deficiencias en las pistas.

18

ALGUNOS CONSEJOS DURANTE LOS PROCESOS DE MEZCLA

18.1 EMPIEZA LA MEZCLA CON EL OÍDO FRESCO

Esto es quizás lo más importante para empezar a trabajar en una mezcla. El oído se acostumbra rápidamente a cualquier medio de escucha a pesar de no ser este el más apropiado o correcto. Por lo tanto, como me referían con anterioridad, es sumamente importante el concentrarnos en las labores de mezcla y no tener que distraernos en detalles de edición o corrección, ya que esto nos va a hacer distraer del enfoque de mezcla.

18.2 TEN VARIOS MONITORES DE REFERENCIA, COMBINAR LOS MÁS CAROS JUNTO CON LOS MÁS ASEQUIBLES Y DE BAJA CALIDAD

El escuchar a través de unos monitores de calidad, muchas veces puede ser una desventaja más que una ayuda. Hay que pensar que si disponemos de unos monitores donde todo lo que escuchemos a través de estos suena bien, esto puede no ser una representación real de lo que sucede en una mezcla, sumado ello a la habitación o sala donde estén estos ubicados. Por lo tanto, será la familiarización de estos dos factores, la clave para guiarnos en el resultado de nuestros trabajos. Hay que pensar que la mayoría de gente no dispone de una sala ni unos monitores como los nuestros, por lo que es importante el disponer de unos secundarios altavoces para que nuestras mezclas puedan sean reproducidas en unos medios de escucha lo más parecidos a los de la audiencia. De la misma manera debemos saber que algunas mezclas reproducidas a través de unos grandes altavoces quizás no van a poder reproducir correctamente una voz, y que es muy probable que esta quede enturbiada por la bondadosa reproducción del sistema respecto a las demás frecuencias. Privándonos de comprobar correctamente el plano de voces en mezcla.

18.3 IMPORTA OTRAS MEZCLAS COMO REFERENCIA PARA REALIZAR PLANOS DE COMPARATIVAS ENTRE NUESTRAS MEZCLAS Y OTRAS COMERCIALES MEZCLADAS POR OTROS PROFESIONALES

Descárgate un par de pistas las cuales se asemejen al resultado que deseamos obtener y nos sirvan como referencia y "Norte" en nuestra propia mezcla. Agrega esas pistas a tu proyecto y realiza planos A/B como referencia a ellas constantemente para ver cómo vamos desarrollando nuestra mezcla. Este es quizá, uno de los mejores recursos que podemos tener durante nuestro proceso de mezcla. Esto viene a ser como tener una hoja de "trucos" justo al lado mientras nosotros hacemos diferentes pruebas. De esta manera frecuentemente escucharemos si la pista que estamos mezclando tiene mejores bajos o una caja más fuerte. Sea lo que sea, se destacará cuando lo pongas al lado de tu propia canción y te des cuenta exactamente en lo que necesitas trabajar para lograr un tipo similar de mezcla (no te dejes atrapar por esta técnica si sientes que tu mezcla va en una nueva dirección. Ahí es cuando tienes que improvisar!). Una herramienta que también puedes usar es "Matching EQ" de algunos fabricantes como iZotope Ozone 7, el cual es una herramienta que nos sirve para replicar curvas de ecualización de diferentes pistas. Esto normalmente se emplea para emular una EQ, pero también se puede usar para que estudiemos los pasajes. Puede utilizar esta herramienta para tomar "instantáneas" del espectro de frecuencia de nuestras pistas favoritas para estudiarlas y compararlas con las nuestras ¡Incluso puedes subir el parámetro "cantidad" y Ozone intentará hacer coincidir la curva de ecualización de nuestra canción con la pista de referencia!

18.4 INTENTA SIEMPRE ATENUAR EN VEZ DE INCREMENTAR EN LA EQ

En la mayoría de casos la palabra siempre es ¡MÁS! ¡MÁS! ¡MÁS! Eso es lo que ocurre en la mayoría de los productores cuando se trata de obtener una mezcla con más pegada y limpieza. En realidad y contrariamente, esto a menudo hace que sus canciones suenen peor y aún más silenciosas. En lugar de aumentar las frecuencias que deseas destacar, intenta cortar las frecuencias que no son necesarias. Esto permite que las frecuencias que deseas aumentar brillen sin el efecto dañino de aumentar. Esta técnica también dará a tu mezcla más margen y permitirá que brillen los demás elementos de tu canción.

Como excepción: es posible que desees aumentar las frecuencias clave al crear muestras de batería. Por ejemplo, al hacer una muestra de caja, es posible que desees aumentar alrededor de 200-250 hz para hacer que la caja "explote". Por lo tanto y tal y como me refería con anterioridad, en lugar de aumentar las frecuencias que deseamos destacar, podemos intentar cortar en diferentes áreas del espectro para que las otras frecuencias destaquen más.

18.5 LLEVA UN ORDEN LÓGICO EN LOS PROCESOS DE MEZCLA

Muchos ingenieros tras años de experiencia, saben conseguir unos resultados de manera rápida y precisa. Pero en el caso que nuestro conocimiento en el oficio no sea tan experimentado, resulta muy práctico el llevar un orden en los procesos y tareas a realizar en las mezclas. Un ejemplo básico sobre los procesos en mezcla podría ser:

1. El comenzar por el balance mediante los faders.
2. Aplicar ecualización.
3. Compresión
4. Efectos
5. Automatización

18.6 ACTIVA/DESACTIVA LOS PLUGINS

Muchas veces recurrimos al uso de los efectos pensando que vamos a realizar una mejora del sonido que tenemos sin ser procesado, pero realmente no siempre es así. Es sumamente recomendable el realizar bypass de los efectos que estamos utilizando para poder escuchar si estamos favoreciendo al sonido del instrumento que estamos procesando, o si por lo contrario lo que hemos hecho es empeorarlo. Hay que recordar a cerca de uno de los principales principios del audio que es el de manipular la señal lo menos posible, ya que, a más procesamiento de esta, más degradación y distorsión de esta también.

18.7 CÓGETE UN DESCANSO

Muchas de las cosas que se realizan en una mezcla son el resultado de un proceso subjetivo. Existen otros determinantes factores (aparte del equipo) que pueden afectar la opinión subjetiva de alguien sobre la relación entre los sonidos: La carencia de descanso, la fatiga, el alcohol, cafeína, cualquier otra droga, escuchar a un nivel muy alto, estar enojado, estar molesto, estar triste, distraerse, sentirse apurado, sentirse derrotado, no estar sentado en la posición correcta, concentrarse demasiado en un instrumento, etc.

Todos estos factores afectan a cualquier profesional, pero ser capaz de prestar atención a los detalles y tomar decisiones subjetivas es crucial para el trabajo de un ingeniero de mezclas. La fatiga del oído es algo real, y algunas veces lo mejor es alejarse de la mezcla, despejar la cabeza y volver más tarde. A veces si se dispone del "lujo" de disponer tiempo en ello, el abandonar las mezclas y volverlas a retomar al cabo de unos días, puede hacer que algo que se nos escapaba de nuestra capacidad auditiva debido al excesiva prolongación en las sesiones de mezcla pueda ser detectado y muchas veces era todo lo necesario para terminar de "pulir" nuestras mezclas de audio.

Asegúrate de tomar descansos frecuentes, ya que los oídos se cansan por el uso excesivo. Cojeté un descanso de 10 minutos cada hora o sigue la regla de 90/20: un descanso de 20 minutos cada 90 minutos. A veces es importante pasar tanto tiempo sin escuchar la mezcla como escuchando. De esta manera, los oídos se refrescarán cuando comencemos a trabajar nuevamente.

18.8 INTEGRA EL SONIDO DE BATERÍA EN LA MEZCLA

Hay que pensar en una batería como un actor de una película, el cual cuando aparece sabes que este siempre va a tener un papel estelar en la película. Ello nos debe servir para tratar a las baterías como un soporte a los demás elementos de la producción y los arreglos, y no el de ser esta el principal protagonista de la película.

Tampoco el que consigamos un sonido de batería atronador no significa que sea este el sonido necesario para el tipo de sonido que necesita la producción en la que estamos trabajando en la mezcla. Por lo tanto, tenemos que saber otorgar a esta el merecido plano según el estilo o género musical.

18.9 "ENTRÉGATE EN CADA MEZCLA COMO SI ESTA FUERA NUESTRO MEJOR TRABAJO"

Cada mezcla es un mundo, diferentes músicos, diferentes acústicas, diferentes equipos, diferentes visiones y estados de ánimos involucrados durante el proceso. Lo que no debe cambiar es la total entrega a esta, sin importar la categoría del profesional, si este es famoso o por lo contrario un modesto músico. El respeto siempre tiene que ser el mismo, así como nuestra entrega en el trabajo. Quizás se llega un punto en el cual como profesionales uno crea que no está mejorando, pero siempre hay que esforzarse por los trabajos en los que uno se involucra como profesional, pensando que estos siempre sean mejores de los que se hayan realizado con anterioridad. De la misma manera hay que aceptar la situación en la que uno está trabajando. Quizás no siempre se tienen músicos virtuosos con los que trabajar, por lo tanto, no esperes obtener ese tipo de sonido o interpretación por parte cada músico. Sin embargo, sí que podrías intentar sacar lo mejor de cada interprete o músico y agregarlo al sonido general de la producción.

18.9.1 Captando la atención del oyente

En cualquier mezcla, de lo que se trata es de captar la atención del oyente sin llegar a cansar o aburrir mediante un exceso de linealidad o monotonía a lo largo de toda una canción. Para ello tenemos que saber destacar todos aquellos elementos importantes de una canción y dar los respectivos planos en cada momento exacto a lo largo del tema. El saber realzar cada parte como si esta fueran sorpresas frescas para el oyente, es el arte el cual cada ingeniero tienen que recurrir a su libro de recetas para saber lidiar con los "ingredientes" los cuales le han sido ofrecidos para "cocinar el guiso". Por suerte nuestra a día de hoy no existe aún un DSP o plugin capaz de saber captar los momentos emocionales de una voz o parte de una canción. Por lo tanto, mediante la automatización tenemos todo un mundo de posibilidades para poder balancear todos los elementos que componen una canción, así como una gran herramienta para controlar la dinámica y la emotividad musical en cada momento que así se precise. En términos comerciales, en temas vocales, toda la estructura gira en torno a esta. Es en los descansos o silencios de esta, cuando debemos de mantener el interés mediante cualquier otro instrumento o sonido el cual sea capaz de mantener la atención del oyente. Por lo tanto, debemos de mantener en todo momento que la voz sea clara y precisa, ya que es la letra de esta por la que un tema mayoritariamente va a ser siempre recordado. Aunque nosotros por defecto de la profesión, quizás podamos fijarnos más en el sonido de la caja de la batería o del bajo, para el resto de los mortales, estos no van a ser elementos claves por lo que recordar en una canción. En el caso que sea el disco de un guitarrista o un saxofonista, u otro instrumentista, será probablemente su instrumento el protagonista de la "película".

18.9.2 Realiza planos de comparativa entre varios sistemas de escucha

Tras finalizar nuestras mezclas, podemos reproducir estas en diferentes medios de escucha como pueden ser el equipo musical del coche, un equipo Hi-Fi, los altavoces del ordenador, le altavoz de nuestro teléfono o un equipo de sonido mono. De esta manera, podemos obtener una referencia aproximada de cómo va a sonar nuestra mezcla en otros sistemas de reproducción. No hay que dejarse llevar por un solo único medio de escucha.

18.9.3 Se escucha mediante los oídos, no con la vista

No cabe duda que estamos en la era digital y no hay que negar que el audio se ha convertido en un asunto visual más que nunca. Estamos más que acostumbrados a visualizar mediante las pantallas y leds toda la información que estos sistemas nos ofrecen. No me gustaría que se me mal interpretase al afirmar que toda esta información visual quizás no nos va a llevar a conseguir un buen funcionamiento en una mezcla.

La gente escucha música mediante los oídos, no con los ojos. Los analizadores no saben lo que ocurre musicalmente en un pasaje sonoro. Una monitorización visual de un analizador no nos va a garantizar un buen sonido para cada mezcla o cada instrumento participe en esta, a pesar que esta parezca correcta a nivel visual. Para lo que sí que estos pueden sernos útiles para ayudarnos a detectar un problema, una resonancia, problemas de fase o suma pronunciada en un determinado rango de frecuencias etc.

Os voy a poner un ejemplo en una ecualización de un instrumento como es una guitarra, todo el mundo quizás está familiarizado con la curva de visualización de la respuesta en frecuencia de este instrumento. Pero de poca ayuda va a resultar esto para poder saber cómo esta va a encajar en el sonido global de la mezcla. Sabemos y fuimos advertidos de no ecualizar un en modo "solo", por lo tanto, ¿qué útiles resultan estos gráficos visuales cuando estos son usados en un contexto?

El contenido visual está ahí para ayudarnos, pero no para distraernos de nuestro foco de atención en la escucha auditiva. Por lo tanto, asegúrate que son tus oídos los que están bajo control.

18.9.4 Comprueba la compatibilidad de la mezcla en mono

Recomendaría de tanto en tanto de manera que vamos avanzando en la mezcla el ir conmutando está en mono, y comprobar de esta manera que todos los instrumentos permanecen audibles. Mono es la mejor de las maneras de testear cualquier posible problema del stereo y de las tomas donde se ha empleado multimicrofonía. Trabajando en mono, muy pocos elementos van a escapar de nuestros oídos y si alguno de ellos desaparece, eso significa que algo va mal. Alguno de los problemas comunes que suelen ocurrir al emplear efectos stereo sensacionales en guitarras o sintetizadores es que al pasar de stereo a mono, estos desaparecen. Una vez que sumas los efectos de cada lado del espectro stereo, estos se cancelan entre sí. Por lo tanto, ese fantástico efecto que le hemos añadido a la guitarra podría desaparecer dejando a esta "desnuda" y sin efecto al pasar a mono. Cuando escuchamos en mono, es muy probable que las voces de acompañamiento suenen más débiles o el solo de guitarra termine casi por desaparecer, esto nos delata que tenemos que solventar cualquier posible problema y aliviar el procesamiento stereo. De la misma manera si agregamos demasiado delay en un solo de guitarra, esta puede desaparecer cuando se suma en mono. Una combinación de diferentes retardos puede crear problemas de fase que pueden originar en un sonido de solo de guitarra pequeño o a penas existente. Lo mismo ocurre con cualquier otro instrumento, si notamos que algo desaparece cuando estamos escuchando este en mono, es hora de dar un paso atrás y solventar los posibles problemas de los efectos stereo.

18.9.5 Mantente abierto de mente ante cualquier compromiso o modificación

Existen veces en las cuales algunos elementos o sonidos de nuestras mezclas simplemente no funcionan o encajan en esta. Muy a pesar que ello muchas veces implique un sufrimiento o sentimiento doloroso el tener que eliminar dicho instrumento o elemento el cual fue grabado con la intención de pensar erróneamente que este iba a contribuir de manera favorable.

Hay que aceptar cualquier cambio o modificación la cual siempre sea un beneficio y contribuya de manera positiva en la producción global. El saber detectar todo aquello lo cual no resulta positivo en una mezcla, nos va a salvar de horas trabajo intentando conseguir integrar un sonido el cual no es el más adecuado para el tipo de trabajo el cual estamos realizando.

18.9.6 Guarda las nuevas versiones de mezcla

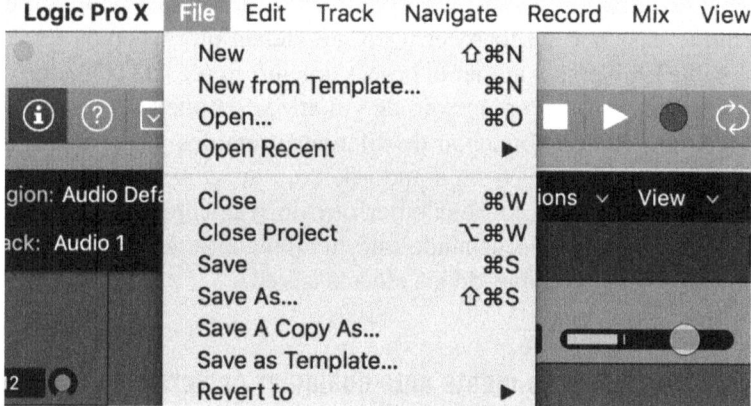

Antes de comenzar a mezclar, salva una nueva versión del proyecto. De esta manera siempre podremos volver a una versión anterior si hemos realizado algún cambio o tipo de error. Esto nos hará siempre disponer de un backup y el estar comprometido con nuestras decisiones que realicemos durante todo el proceso.

18.9.7 No comiences a mezclar sino estas preparado, tienes prisa o te sientes obligado a hacerlo

No es recomendable el ponerse a mezclar si uno no se encuentra mentalmente preparado o simplemente se realiza porque estamos obligados a hacerlo. Espera a que dispongas de dedicación para emplearte en ello. Si nos metemos con una mentalidad negativa o con prisas por acabar, nuestra aportación a la mezcla va resultar infinitamente menor a la que esta podría ser.

18.9.8 La mezcla es infinita, esta jamás se termina, sino que se abandona

Una mezcla podría resultar ser infinita sino se sabe llegar a un compromiso pragmático con esta. Podríamos estar haciendo retoques y modificaciones de esta continuamente. Ya sea por el simple hecho de haber escuchado la canción en cualquier otro modo de escucha y nos haya sugerido ello el que se deberían de cambiar un par de cosas o porque uno de los músicos debido a que tiene unos altavoces en casa que no reproducen las frecuencias graves, este sugiere de subir más los instrumentos de rango subsónico. Quizás el guitarrista quiere subir más su guitarra y el batería su instrumento, al cantante su voz siempre le parece que esta baja de volumen, cosa que como ya sabéis es algo muchas veces totalmente subjetivo.

Esto son unos ejemplos en los que muchas veces cualquier profesional se tiene que enfrentar a la hora de realizar los trabajos. Al no existir en la actualidad unos papeles y responsabilidades definidas como sucedía contrariamente en el pasado, donde existía el productor el cual era el director de todo el proceso y figura clave en tomar las responsabilidades y decisiones finales en cada una de las fases de la grabación. En la actualidad y dado a como se están llevando a cabo las producciones musicales, muchas veces eso es un trabajo el cual recae al músico o ingeniero el cual esta medito en el proyecto. A muchos músicos les resulta más angustioso que un dolor de muelas, cuando el técnico o ingeniero le sugiere el modificar algo lo cual parece que no funciona siendo todo lo contrario a lo que quizás este pensó cuando decidió incluirlo dentro de los arreglos de la producción.

19

ALGUNOS TRUCOS PARA LAS MEZCLAS

19.1 ECUALIZACIÓN

➤ Realiza un barrido en el Master bus. Encuentra las frecuencias molestas y corta 0.5-1db en algunas pistas en vez de realizar un recorte de ecualización pronunciada en la eq de la salida del bus master.

➤ Para más presencia en una voz: Podemos dar más brillo a la reverberación en vez de a la pista de la voz. Realiza un A/B para realizar una comparación del resultado.

▸ Reduciendo mediante ecualización sobre 2khz-6khz en un efecto de delay, podemos dar un poco más de profundidad a este y contrarrestar la obviedad del efecto.

▸ Para un sonido de caja de batería más brillante, podemos añadir un poco más de "aire" en las pistas de los Overheads. De esta manera podemos obtener más rápidamente un sonido brillante que el aplicar ecualización a la pista de la caja de manera individual.

▸ Si ecualizamos de manera substractiva las frecuencias graves y agudas de las pistas de los coros, podremos ayudar con ello a que estas se integren mejor con la pista de voz principal.

▸ Para bombo de rock: Copia la pista del bombo, filtra las frecuencias graves y la más agudas. Aplica una amplia curva de campana alrededor de los 2Khz. Comprime esta unos 9-10db. Mezcla ambas pistas de manera sutil.

▸ Para caja de rock: Obtén un simple de un sonido de aro de caja, comprime y aplícale un poco de distorsión. Envía está a una reverb stereo, añádele graves. Mezcla esta con el resto de pistas del kit de batería.

▸ Sonido de caja para baladas: Copia la pista del sonido de la caja de abajo. Filtra hasta los 600Hz. Aplica un filtro Shelving alrededor de los 10Khz. envía la pista a una reverb.

▸ Voz con sonido vintage: Duplica la pista, filtra en esta las frecuencias por encima de los 12Khz, incrementa los medios alrededor de los 3-3.5Khz. Mezcla en paralelo la voz distorsionada añadiéndole una reverb comprimida y con un predelay largo.

19.2 HIGH PASS-FILTER

Si tenemos pensado utilizar el filtro pasa altos en un gran número de pistas, intenta emplear uno de 6db por octava. De esta manera podemos filtrar una gran cantidad de graves sin separar demasiado entre pistas. También conseguiremos minimizar los problemas de fase al emplear filtros no tan pronunciados.

19.3 PANORAMA

▸ Con instrumentos similares tocando simultáneamente los mismos acordes, intenta aplicar diferentes voces u octavas y panorámica estos L/R. Añadiremos de esta manera amplitud, profundidad y detalle.

▶ Amplitud en pistas mono: Dobla la pista, panoramiza estas hacia el lado L y la otra hacia el R. Enfatiza mediante el ecualizador alguna de las frecuencias y en la otra pista réstale dichas frecuencias.

19.4 REVERB

▶ Podemos añadir a las reverbs, cualquier proceso similar al que solemos realizar en las demás pistas de audio. (Distorsión, EQ, delay, otra reverb, Pitch, etc.

▶ Podemos otorgar mayor riqueza en cualquier línea de melodía tanto en instrumentos como en voces añadiendo armonía al enviar el sonido a una reverb y matear el sonido seco.

19.5 DELAY

▶ En sonidos secos los cuales no encajan bien en mezcla, pon un slap delay (80-100ms) y panoramiza el retorno en el lado opuesto del instrumento en seco.

▶ Un sonido de micrófono cercano puede sonar más "in your face" si aplicamos un delay corto.

▶ En los instrumentos virtuales demasiado cuadrados o bloqueados en el grid, podemos añadir manualmente algunos delays para conseguir un poco de "humanidad" en el sonido.

▶ Envía el sonido seco de una voz directamente a un delay y a continuación envía la suma de señal a una reverb.

▶ Voz dinámica y profunda: Prueba de aplicar un delay de 1/4 de nota en el verso y posteriormente agrega el delay con ½ de nota con feedback en el coro. Suaviza el delay mediante ecualización.

▶ Haas Delay: Interesante efecto mediante el cual podemos obtener mayor amplitud. Para obtener dicho efecto tenemos que posicionar la pista seca en un lado del panorama y un echo mono en el lado opuesto. El tiempo del delay en este caso debe de ser lo suficiente corto (sobre 30ms) como para no ser percibido separadamente de la pista de la señal seca. Tendremos que ajustar este ha oído para juzgar cuando este es audible.

19.6 DISTORSIÓN

Si queremos añadir algo de peso a una voz: Dobla la pista de la voz, filtra los agudos y medios agudos, añade un poco de distorsión y mezcla esta con la pista original.

19.7 PITCH

▸ En cuerdas: Dobla las partes con semitonos más bajos/altos ajustando estos a un tono objetivo. Mediante la mezcla de las distintas afinaciones de las muestras, podemos obtener un sonido más real de estas.

▸ Varispeed Technique: Incrementa el pitch de la canción en el DAW y graba las voces. Vuelve luego este luego a su estado original. Podemos también retrasar este en el caso que queramos una diferente variación tonal.

▸ Duplica una pista, incrementa una octava, inserta una reverb (100% wet) y mezcla esta con la pista original. Podemos obtener de esta manera, un efecto con un resultado algo excitante.

▸ Voz seca con "vida": Utiliza un stereo pitch shifter. Aplica al lado izquierdo 9cents/20ms y al lado derecho 9cents/40ms. Mezcla sutilmente dicho efecto.

19.8 PITCH SHIFTER

▸ Voz seca con "vida": Utiliza un stereo pitch shifter. Aplica al lado izquierdo 9cents/20ms y al lado derecho 9cents/40ms. Mezcla sutilmente dicho efecto.

▸ Voz "gruesa": Utiliza un efecto de pitch shifter con ajuste de 10ms de delay unos 10 cents arriba en un lado y otros 10 cents más abajo en el lado opuesto. Filtra las frecuencias más altas y mezcla este sutilmente

19.9 CHORUS

Pon un sutil chorus en un auxiliar antes del envío de la señal a una reverb.

19.10 TEMPO

Si queremos añadir algo de excitamiento y vida en la sección de coro. Podemos automatizar el tempo incrementando unos pocos BPM. De la misma manera que lo hacen músicos reales cuando tocan conjuntamente. Realizar el ajuste con sutileza es la clave.

19.11 PHASE

▶ Cuando estemos utilizando varios loops rítmicos, podemos mover estos unos cuantos samples o ms para jugar con la fase para obtener unos interesantes sonidos de tono.

▶ Pon en fase el sonido de la pista de la caja con el de los overheads. Sin ello, no podremos obtener un sonido con "Punch".

19.12 TREMOLO

Si tenemos x2 guitarras o sintetizadores panoramizados respectivamente izquierda/derecha, y añadimos un tremolo de 16 notas a uno de los tracks y 8 al otro. Podemos obtener mayor definición y amplitud de ambas pistas.

19.13 DE-ESSER

Inserta un De-esser antes de la reverb en vez de hacerlo en las voces.

19.14 COMPRESOR

▶ Pon un compresor en sonidos ricos en frecuencias medias como sintetizadores o guitarras eléctricas. Dejando de esta manera que las voces activen el sidechain y podamos otorgar un mayor espacio a estas en la mezcla.

▶ Si comprimimos la reverb, podemos "engordar" el sonido que pasa a través de esta.

▶ Compresión paralela en la voz y baterías Copia del instrumento en otra y comprime esta de manera "heavy". Durante la mezcla, automatiza la pista seca con la comprimida mediante el fader. Mezcla en sonido de ambas pistas hasta nuestro personal agrado.

19.15 LIMITER

Mediante limitadores digitales, podemos domesticar de manera efectiva y transparente guitarras acústicas con exceso de oscilación de dinámica.

19.16 GATE

Para un sonido explosivo de caja de batería: Copia la pista de la caja, comprime esta de manera "heavy" con un attack y reléase rápidos para mantener el sustain, cierra la cola y mezcla de manera sutil la pista con la seca original.

19.17 VOLUMEN

Cuando no estemos acercando al final de la mezcla, si queremos comprobar cómo vamos con el nivel de algún instrumento importante en esta. Reduce el nivel de este y comienza a subir poco a poco la pista hasta que este suene en un plano de volumen correcto. Esto lo podemos aplicar con las cajas de batería, el bombo o las voces.

19.18 LOOPS

▶ Coge un Loop el cual te guste como sonido y Groove. Compón alrededor de este y luego bórralo (o déjalo).

▶ Pon un efecto de Phaser en paralelo en el Charless o Loops de Shakers para una ligera variación y conseguir de esta manera que este suene menos a loop.

19.19 TRANSIENT DESIGNER

▶ En grabaciones con un sonido de acústica deficiente, podemos restar un poco de esta, reduciendo el sustain y quitar de esta manera algo del sonido defectuoso de la acústica de la grabación.

▶ Si tenemos partes de una guitarra la cual tiene que tocar simultáneamente junto a unas simples cuerdas. Mediante el transient designer podemos hacer que el guitarrista toque de manera más segura. ¡Sube el ataque de este!

19.20 EDICIÓN

Para graves resonantes. El sonido suele adelgazarse si aplicamos demasiado ecualización. Recorta el sonido del sustain editando manualmente o empleando el transient designer.

19.21 AUTOMATIZACIÓN

En vez de emplear un gran número de compresores como control de dinámica. Disponemos en la actualidad de una herramienta sumamente poderosa como es la automatización. Mediante esta, podemos recuperar aquellas notas que quedan perdidas, así como atenuar todas aquellas las cuales han quedado demasiado pasadas de volumen. También podemos destacar las partes de los coros o estribillo de una canción incrementando 3-4db la entrada de este, para después gradualmente reducir el nivel. De esta forma podemos crear un mayor impacto en algunas partes de la mezcla.

19.22 DUPLICATE

- ▶ Para dar amplitud un sonido de bajo: Copia la pista del bajo a una pista stereo, aplica un filtro pasa altos alrededor de los 300Hz, aplícale un poco de distorsión, envía está a un efecto de wide chorus y finalmente mezcla esta pista con la original seca.

- ▶ Sonido de coro más amplio: Copia la pista de la voz en otra pista, comprime esta y añádele distorsión. Mezcla esta de manera sutil justo en el momento que entra el coro de la canción.

19.23 SAMPLER

Pon en un plano de bajo volumen, un sonido de fondo como ruido de calle, un tren o una carretera como fondo de un loop de batería. Obteniendo de esta manera mayor profundidad y ligera variación del sonido original.

19.24 RECETARIO DE ECUALIZACIÓN

▶ **Baterías**

- **Bombo**
  - Peso en el bombo de los 70Hz a los 100Hz.
  - Pegada de maza desde los 3Khz a los 5Khz.
  - Retumbante debajo de los 120Hz.
  - Sonido Hueco desde los 150Hz a los 300Hz.

- **Caja**
  - Definición de la Caja de 1Khz a 3Khz.
  - Pegada de los palillos de los 2Khz a los 4.5Khz.

- **Toms**
  - 100-300khz: Cuerpo
  - 3.000-4.000khz-:Ataque

- **Charless/Platillos**
  - Definición de los platillos desde los 5Khz a los 12Khz.

▶ **Bajos**

- Profundidad desde los 50Hz a los 100Hz.
- Carácter desde los 200 a los 400Hz.
- Dureza de 1Khz a 2Khz.
- Ruido de trasteo de 2Khz a 7Khz.

▼ **Teclados**

- 50Hz-100Hz: Agrega la parte inferior (si no quieres rodar a una frecuencia más alta, asegúrate de cortar a 50Hz para eliminar cualquier ruido)

- 100Hz-250Hz: Agrega redondez (roll-off para deshacerse de la gama baja, lo que puede negar cualquier frecuencia de bajo o bombo que pueda tener en la pista. No se caiga en una frecuencia mucho mayor, ya que todavía necesita algunos bajos básicos del piano, de lo contrario puede comenzar a sonar demasiado aireado)

- 250Hz-1kHz: Área de confusión

- 1kHz-6kHz: Agrega presencia (corte alrededor de -5dB a -9dB para ocultar las frecuencias superpuestas con voces / guitarra)

- 6kHz-8kHz: Agrega claridad (aumenta alrededor de + 2dB para agregar brillo a las pistas, esto funciona especialmente bien si la pista tiene una sección de solo para piano. Le da a la sección de piano más claridad y brillo)

- 8kHz-12kHz: Añade siseo

▼ **Pianos**

- 100-200hz: Retumbe

- 3.000-5.000hz- Aire

▼ **Guitarras acústicas**

- Resonantes desde los 80Hz a los 150Hz.

- Acartonadas desde los 150Hz a los 300Hz.

- Duras desde los 800Hz a 1.5Khz.

- de 2.5Khz a 4Khz.

- Aspereza desde los 4Khz a los 8Khz.

- Aire por encima de los 8Khz.

▼ **Guitarras eléctricas**

- Recorta por debajo de los 80Hz para reducir resonancias graves de las cabinas de los amplificadores.

- **Confusión:** desde los 150Hz a los 300Hz

- **Mordida/presencia**: desde los 800 a los 3Khz

- **Dureza:** de los 1.000 a los 2.000hz

- **Aire:** de los 5Khz a los 10Khz

▶ **Metales**

  - **Saxos**

    - **Retumbe**: Debajo de los 110Hz

    - **Pegada**: 125Hz – 250Hz

    - **Plenitud:** 250Hz- 450Hz

    - **Nasal**: 500Hz – 1.6kHz

    - **Presencia**: 2kHz – 6kHz

    - **Definición**: 6kHz – 8kHz

    - **Aire**: 10kHz – 17kHz

    - **Hiss**: 17kHz

  - **Trompetas**

    - **Retumbe/Confusión:** 100hz-200hz:

    - **Brillo/aire:** 4.000hz-10.000hz:

▶ **Cuerdas en general**

  - Recorta por debajo de los 80hz (entre los 100hz y los 250hz para que no solape con bajos).

  - Recortar entre los 300hz y 1khz para corregir zona confusa

  - Añadir con una amplia Q entre 1khz y los 6khz para añadir claridad y presencia

  - Incrementar entre los 6khz y los 12khz para otorgar "aire".

▶ **Violín**

  - 190-300hz - tenemos la región "bajo" del violín. También la región donde interfieren los ruidos mecánicos; diapasón y ruidos de manejo.

  - A menudo la retroalimentación ocurre alrededor de 260/300hz-600hz - "medios bajos" en el violín. Aquí encontramos frecuencias para el cuerpo / calor.

  - 700-1200hz - "medios altos" en el violín. Aquí a menudo encontramos algunos tonos nasales, especialmente en piezas, alrededor de 1000Hz

- 1800-4500hz - región "baja de agudos" del violín.

- El violín tiene mucha presencia en el 2000-2500hz junto con algunos de sus armónicos más agresivos a 3500-4500hz. 5000-20000hz - "agudos altos" en el violín.

- El rascado del arco reside alrededor de 6000hz.

- Aire / chispa están por encima de 10000Hz

▼ **Voces**

La mayoría de voces poseen muy poca información por debajo de los 100hz. Utiliza un filtro pasa altos para reducir las frecuencias graves no deseadas.

- Retumbante de 200 Hz a 400Hz.

- Nasal de los 800Hz a los 1.5Khz.

- Penetrante de 2Khz a 4Khz.

- Aire desde los 7Khz a 12Khz.